Diseño.
Estrategia y gestión

Reinaldo J. Leiro

Leiro, Reinaldo J.

Diseño : Estrategia y gestión - 1a ed. 1a reimp. - Buenos Aires : Infinito, 2006.
224 p. ; 23x14 cm.

ISBN 978-987-9393-41-3

1. Diseño Industrial . I. Título
CDD 741.6

Biblioteca de Diseño

Primera edición en castellano, septiembre de 2006.
Primera reimpresión, junio de 2008.

Diseño y supervisión general: Carlos A. Méndez Mosquera
Diseño gráfico: Karina Di Pace

Impreso por PRINTING BOOKS.
Películas y fotocromos realizados por Global Press.

email: info@edicionesinfinito.com
http://www.edicionesinfinito.com
Buenos Aires, Argentina.

ISBN 978-987-9393-41-3
Hecho el depósito que marca la ley 11723
Impreso en Argentina, Printed in Argentina.

Reinaldo J. Leiro

Diseño.
Estrategia y gestión

Ediciones Infinito Buenos Aires

A mis hijos
Julián, Marina y Francisca

Índice

Prólogo

Cuando en 1995 Leiro crea en la Universidad de Buenos Aires la carrera de posgrado sobre Gestión Estratégica de Diseño, las palabras gestión y estrategia eran muy poco conocidas en el campo del diseño. Y no solamente en Buenos Aires, ya que recién poco tiempo después el Instituto Politécnico de Milán inicia una de las primeras maestrías de diseño estratégico de Europa.

En línea con su visión, experiencia y pensamiento estratégico, en este libro Leiro habla de actividades y gestiones que mal o bien siempre se hicieron, pero de las cuales poco se ha dicho y escrito en el ámbito del diseño y en especial en el ámbito académico de nuestra disciplina.

La materialización de un producto o de un edificio insume considerables montos de inversión, de recursos humanos y de planificación, áreas en las que el arquitecto y el diseñador no participan o no se involucran, siendo que lo financiero y varios otros importantes recursos son un insumo imprescindible e inexorable en el desarrollo de sus proyectos. "Esta fase intermedia entre el diseño y su materialización, en la que se lleva a cabo la selección de un proyecto y gran parte de la gestión de diseño, ha sido omitida en nuestro aprendizaje académico, posiblemente debido a la fuerte tradición de considerar la arquitectura y el diseño como ramas integrantes de las Bellas Artes, así como a la suposición de que la economía contamina el proyecto", comenta Leiro en "Aclaraciones", y lo que propone en este libro es que el diseñador recupere su protagonismo ocupando los espacios cedidos a otras disciplinas como el *marketing* o las ingenierías de planificación y de desarrollo, e instalando en la operación los conceptos de innovación propios del diseño con un sentido profesional solidario con la gente y su entorno. Con capacidad, habilidad y poder de negociación con los distintos centros de decisión en la empresa.

Quizá también por esta razón, este libro centra su interés más en el producto que en el diseño. Leiro propone a través de los distintos capítulos de esta obra, que pueden ser abordados en forma independiente, que el diseñador sea "experto en producto" lo que extiende el campo del diseño tanto hacia atrás como hacia adelante del "tablero", incorporando los aspectos técnicos, económicos y de mercado relacionados con la implementación del proyecto.

Resultan de especial interés los capítulos referidos al pensamiento y a los objetivos estratégicos ya que estos conceptos constituyen un aporte valioso y pocas veces profundizados en el campo del diseño.

En su actuación académica largamente vinculada con las áreas del diseño, diez años antes de crear la carrera de posgrado sobre "Gestión Estratégica de Diseño", Leiro tuvo una activa participación en la creación de la carrera de Diseño Industrial en el ámbito de la Facultad de Arquitectura, Diseño y Urbanismo de Buenos Aires, facultad en la que ejerce la docencia desde 1961 –con interrupciones políticas–, en la actualidad como Profesor Titular Consulto.

Crea en 1964 la empresa de diseño Buró que hasta la fecha sigue siendo una de las pocas empresas líderes que actúan con diseño local, compitiendo con las marcas internacionales de mayor prestigio. Con esta estrategia Leiro define su clara posición como empresario nacional. Sé que no es común citar referencias empresariales como prólogo de un texto académico, pero justamente esta obra nace como resultado de tres experiencias hibridadas de Leiro: la académica como profesor de la Facultad de Arquitectura, Diseño y Urbanismo, la profesional como diseñador reconocido y la empresaria, que llevó a cabo exitosamente durante más de cuatro décadas.

En el transcurso de los años y de los proyectos, como sucede a los que en forma autodidacta hemos abordado esta profesión, he ido incorporando mecanismos de gestión y el manejo adecuado de las decisiones de carácter estratégico, en general por prueba y error. Arribar al conocimiento que me permitiera entender la totalidad del proceso, las diferentes lecturas que sobre "el producto" tienen los diversos actores que participan de diferentes formas e intensidad en su creación, insumió varios años de mi vida profesional. La profunda comprensión de los mecanismos de gestión, de los diversos factores e intereses que finalmente configuran una estrategia de diseño, y la vinculación y acceso a las fuentes de decisión dentro de las empresas o corporaciones fue la llave que me permitió tener una visión extendida y completa del escenario donde se desarrolla el proceso de diseño de un producto, sea este un producto industrial o gráfico.

El contenido de este libro, sin dudas, me hubiese librado de años de aprendizaje en la práctica, y del pago de "derechos de piso" tan caros en nuestra profesión. Coincido con Leiro en que estos textos, tan claros como profundamente conocedores de los temas que aborda, colaborarán en la comprensión de aspectos relevantes de la actuación profesional tanto con estudiantes, como con egresados recientes de carreras de arquitectura y de las diversas especialidades del diseño.

Esa rica, prolífica y poco habitual experiencia se verifica en estos textos, transferencia de saberes que ordenan información dispersa e incorporan actualizados conceptos que deberían ser apropiados como conocimiento de valor por los jóvenes diseñadores y arquitectos.

Hugo Kogan

Agradecimientos

Quiero agradecer al Profesor Tomás Maldonado y a los profesores Medardo Chiapponi, Roberto Verganti, Roberto Groppetti, Gianluca Spina, Tomás Buganza y Stefano Ronchi –del Instituto Politécnico de Milán– por su valioso aporte académico, así como por la discusión que mantuvimos acerca de varios de los temas que integran este escrito.

Debo además destacar la amistosa y profesional colaboración del arquitecto Carlos A. Méndez Mosquera en la materialización de este libro a lo largo de todo su desarrollo.

Los ingenieros Guillermo Salvatierra, Eduardo Spósito y Gustavo Llambias; los arquitectos Marcelo Minoliti y Raúl Beati; los doctores Rubén Beremblum y Alfredo Alvarez, son docentes de la Carrera de posgrado "Gestión Estratégica de Diseño" que se dicta en la Facultad de Arquitectura, Diseño y Urbanismo de la UBA, curso con el cual el libro tiene mucho que ver. A ellos agradezco su tiempo y sus opiniones.

Mirta Bruno, Hugo Kogan y Alejandro Katkownik fueron los primeros lectores de estos textos y también les agradezco sus observaciones y sus valiosos consejos.

Agradecimientos

Quiero agradecer al Profesor Tomás Maldonado y a los profesores Medardo Chiapponi, Roberto Verganti, Roberto Crippa, Gianluca Spina, Tomás Buganza y Stefano Ronchi, del Instituto Politécnico de Milán, por [illegible], así como por la [illegible] devanar de la [illegible] escrito.

[illegible] destacar la [illegible] y particular colaboración del [illegible] Carlos A. Méndez Mosquera en el material [illegible] de este libro a lo largo de su desarrollo.

[illegible]

[illegible]

Aclaraciones

1. A partir de 1973, como resultado de la crisis mundial del petróleo, los paradigmas de la economía se derrumban, el mercado se convierte en un campo de intensa acción competitiva y la economía descubre que la innovación es parte significativa del negocio. Estos cambios producen un desfasaje entre el diseño y la empresa que se prolonga hasta nuestros días. Los agentes de la economía toman conciencia de la importancia que tienen los atributos del producto por medio del *marketing* (entonces recién aparecido) y luego se hacen cargo de gran parte de la gestión del diseño a través de la programación de las diversas etapas del proyecto.

Con raras excepciones, nuestra formación universitaria tanto en arquitectura como en diseño ha constado de dos fases fundamentales: la imaginación y la prescripción del proyecto (incluyendo los conocimientos de configuración, históricos, sociales y culturales), por un lado, y la materialización técnica del mismo, por el otro. Pero los proyectos no pasan a la etapa de materialización de manera continua y automática por el solo hecho de representar una buena idea o un buen diseño, ya que la construcción o fabricación de un producto implica una inversión considerable de recursos económicos, humanos y de organización. Esta fase intermedia entre el diseño y su materialización, en la que se lleva a cabo la selección de un proyecto y gran parte de la "gestión de diseño", ha sido omitida en nuestro aprendizaje académico, posiblemente debido a la fuerte tradición de considerar la arquitectura y el diseño como ramas integrantes de las Bellas Artes, así como a la suposición de que la economía contamina el proyecto. Es cierto que esta contaminación suele darse y que los objetivos de la empresa y los del diseño difieren en valores y en intereses. También es evidente que la evaluación y eventual selección de un proyecto por parte de la empresa no significa asignarle a este ámbito la capacidad para determinar valores proyectuales. La selección se realiza según las reglas de la economía y de la empresa. Se trata de una instancia en la que interactúan objetivos de mercado y de negocio que, como ya mencioné, no siempre coinciden con los del diseño. Pero es una fase ineludible para concretar un proyecto y, por lo tanto, el diseñador debe estar capacitado para comunicar su propuesta y para negociar los aspectos conflictivos entre los intereses de la empresa y los fines de su diseño.

De esta manera, el diseñador también puede aspirar a coordinar y a liderar el proceso de decisiones sobre el producto –industrial, gráfico, arquitectónico– que actualmente se realiza en la empresa con escasa participación de su parte.

Como veremos más adelante, esta fase ha sido denominada "sistema de generación del producto".

2. Este libro pretende analizar los objetivos, los conocimientos y el lenguaje de la "gestión de diseño", que si bien forma parte del proceso del producto, pocas veces se realiza en el área del diseño. Además, a través de consideraciones sobre el diseño estratégico, hemos planteado el concepto de estrategia como:

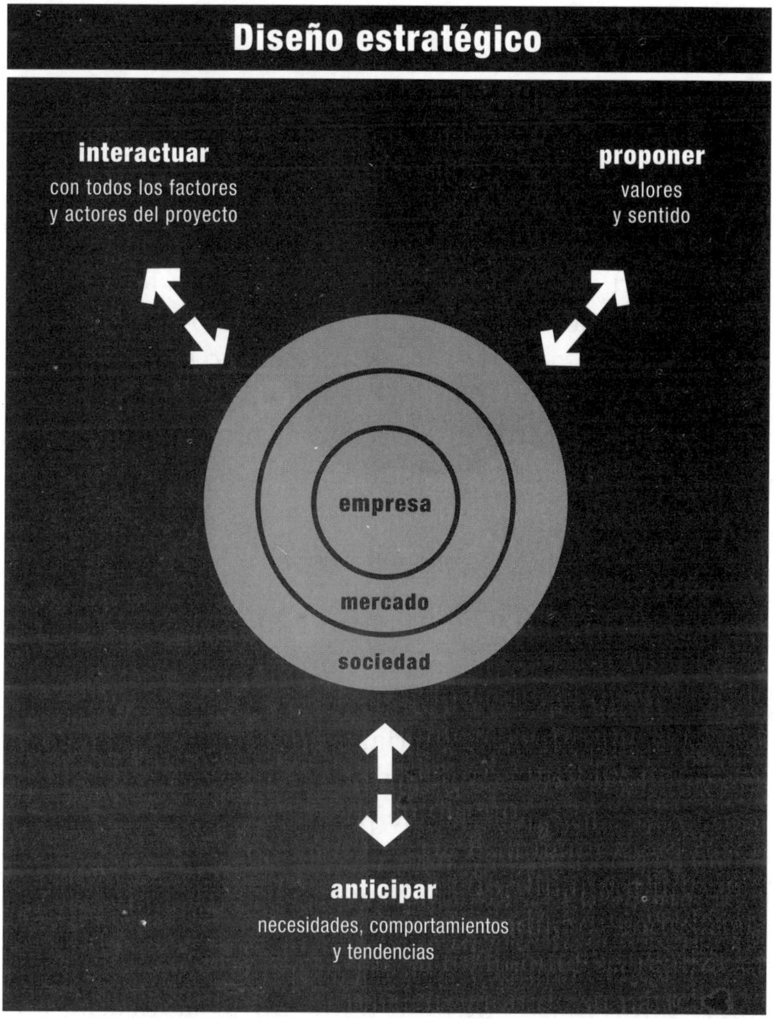

- génesis de valores y de sentido del diseño.
- anticipación de necesidades y comportamientos.
- interacción con todos los factores y actores del proyecto.

De acuerdo con lo dicho, resulta previsible que los textos de esta obra transiten por temas conflictivos. Nos referimos a temas contrapuestos como los requerimientos del mercado y los criterios del diseño, las necesidades de la sociedad y los objetivos de la empresa, las políticas del mercado interno y las exigencias de la exportación, la globalización y las identidades locales. No estamos seguros de haber podido separar las aguas adecuadamente, pero creo que en algunos trayectos las metas de la economía y del diseño deberán tender a un accionar más acorde con las expectativas crecientes de la sociedad. Los diseñadores y los arquitectos, por lo general, actuamos dentro del mercado o somos parte de una empresa, ya se trate de un estudio o de una consultora, y de alguna manera quedamos asociados con el negocio de nuestros diseños. Simétricamente, la innovación es un objetivo ineludible de la empresa.

> La Revista Summa + de febrero de 2006 publica una entrevista realizada al arquitecto español Patxi Mangado. El entrevistado dice, respondiendo a una pregunta sobre su conocida actitud crítica frente al mercado: "Supongo que podríamos decir que en el fondo estoy haciendo un discurso al menos algo paradójico, porque por un lado estoy criticando al mercado pero por otra parte de alguna manera estoy sobreviviendo gracias a él".[1]

A través de la interacción con la empresa, los diseñadores podremos contribuir a incentivar la idea, ya iniciada, de la responsabilidad social de la empresa, en todo lo referente a la protección ambiental y al diseño sustentable. Y no como una actitud condescendiente de la empresa, sino como un problema de propia supervivencia ya que si la empresa no cuida el planeta terminará por destruir su razón de existir: el mercado. El diseño, por otra parte puede contribuir al mejoramiento de la interfase de la empresa con la gente y con

1. Revista Summa + No 78. Nota: *"Arquitectura con la mano izquierda"* una conversación con Patxi Mangado por Gabriel Biagioni. Buenos Aires, 2006, p. 110.

su propia gente no como un valor agregado sino como un valor constitutivo de su comportamiento social.

3. Los capítulos de este libro han sido redactados con la autonomía necesaria como para ser leídos sin seguir un orden determinado. Por ello, se encontrarán conceptos y consideraciones ya formulados en capítulos anteriores.

Estos textos están dirigidos tanto a estudiantes, como a egresados recientes de las carreras de arquitectura y diseño –industrial, diseño gráfico, indumentaria, textil–, así como a aquellos alumnos que cursan estudios de administración de empresas.

En distintos capítulos de este libro nos referimos a la carencia que tiene la formación de directivos de empresa en lo relativo a los proceso de diseño, innovación y valores culturales del producto, temas que por otra parte inciden sustancialmente sobre el negocio que conducen. En realidad nuestra convicción es que más allá de las propiedades del producto, el diseño –mal o bien– está presente en todos los valores, los criterios, los procesos y los comportamientos de la empresa, tal como detallamos en el capítulo "Innovación y lenguaje".

Introducción

Objetivos del diseño estratégico: proponer valores, anticipar tendencias, interactuar con todos los factores del proyecto

El diseño estratégico debe arrancar con un concepto que defina la identidad genética del producto

La identidad genética del producto depende del sistema de prioridades del diseño

Cuando falta el concepto, el lápiz es proclive a la frivolidad

Introducción

Es posible que en las próximas décadas, el diseño y la arquitectura no sean prerrogativa de ninguna de las profesiones estructuradas tal como existen actualmente, debido a las vertiginosas transformaciones tecnológicas y culturales que sin duda seguirán produciéndose de aquí en más.

El diseño estratégico es una nueva manera de pensar el diseño en un contexto mutante y elusivo, utilizando todos los factores que actúan directa o indirectamente en un proyecto; se trata de un contexto proyectual que pasó del paradigma mecánico –de sustentación estática y de racionalidad tecnológica– al paradigma digital, en el cual los límites de las disciplinas y de las tipologías de los problemas a resolver se encuentran en permanente hibridación e interacción, por lo que exceden los escenarios vigentes hasta hace pocas décadas atrás.

Así, el arte incursiona en el área de la arquitectura a través de las "instalaciones", investigando el sentido edilicio de la gravitación y de la usabilidad. Por otra parte, las obras de arquitectos como Peter Eisenman, Frank Ghery, Daniel Libeskind, Greg Lynn y Coop Himmelblau, entre otros, dejando atrás los encuadres tradicionales de la "sustentación" y del "recinto", subliman un espacio "emocional" distorsionado, alabeado, fragmentado, modificando radicalmente no sólo la modelización y el paradigma constructivo, sino también el carácter escénico de la arquitectura.

> En la base de estas mutaciones está presente sin duda la energía teórica de Edgar Morin, Jacques Lacan, Jacques Derrida, Gilles Deleuze y Anthony Vidler. En el diseño, por otra parte, la miniaturización, el casi total protagonismo de la tecnología digital y una relación más acentuada con la gestión del mercado han influido en que la gráfica, el diseño industrial y la moda coincidan en objetivos proyectuales como, por ejemplo, la domesticación del producto (una relación humanizada, "antitecnológica" entre los objetos y la gente), la propuesta lúdica, la simplificación perceptiva, la significación icónica y la "personalización seriada".

Desde otro punto de vista, es posible afirmar que el diseño estratégico se procesa, fundamentalmente, en una red de "conexiones" dinámica y globalizada, en la cual se intersectan todos los conceptos y los acontecimientos que de manera pasiva o activa participan del proyecto: la burocracia, la economía, las corporaciones, las identidades, la investigación, la enseñanza, el consumo, las fobias (claustrofobia, agorafobia, temor, ansiedad), los mitos arcaicos y presentes, los objetos y los sujetos. Esta enumeración no reclama el conocimiento de todos los aspectos mencionados, pero sí el de su presencia contingente en los problemas a resolver. Se trata, pues, de un pensamiento de diseño equipado para plantear interrogantes y para interactuar, conociendo lo que se sabe y lo que se desconoce. Estas conexiones no configuran un "ámbito externo" al proyecto, sino que forman parte del mismo y son indispensables para su materialización.

En todas las intersecciones y mutaciones que se producen en la red, las cosas y la gente comparten un mismo destino: cuanto mayor es el avance de la tecnología, mayor será el efecto de las cosas sobre la gente, así como de esta sobre las cosas, hasta tal punto que ambas conforman un mismo sujeto-objeto.

El pensamiento estratégico le permite al diseñador navegar por la red, detectar las conexiones, los signos y los rituales, dialogar con los actores humanos y artificiales, así como negociar con las entidades privadas, públicas, políticas y comunitarias. Este recorrido sistémico[2] e interactivo facilitará la coordinación de un proceso de diseño que, como ya dijimos, humanice y mejore esa relación entre los artefactos y la gente frente a una interfase cada vez más pronunciada y conflictiva de la técnica con la sociedad.

Si dentro de la red de conexiones mencionada circunscribimos el campo de acción del diseño a la etapa final de su materialización, podremos observar que la gestión estratégica incluye, además, la interacción con todas las actividades necesarias para comunicar, planificar e implementar el proyecto en el ámbito de la empresa y del mercado. El conocimiento de estos temas es también imprescindible para los agentes de la economía, responsables de la innovación y de la planificación de sus propios productos, ya que precisamente los aspectos inmateriales del producto –sociales, culturales y de significación– influyen de manera sustancial y creciente en los resultados económicos del negocio. En otras palabras, el propósito de este trabajo es el de integrar los dos polos operativos de la gestación

2. De acuerdo con la tipología de problemas que se analicen en la red, es posible configurar diversos sistemas o subredes de interlocutores:

a) Sistemas operativos: son aquellos en los cuales las personas interactúan con los objetos y con el sistema de componentes del mismo, en diferentes situaciones de uso y de comportamiento. Asimismo, y en forma simultánea, este contexto incluye los procesos que hacen factible la función del objeto. Un ejemplo representativo es el del avión de pasajeros, cuya función es imposible de imaginar sin la interacción con la compañía aérea.

b) Sistemas sociolingüísticos en los que las personas se comunican entre sí con respecto a y por medio de determinados productos, y los productos son, a su vez, considerados en lo referente a las funciones de su lenguaje y de su capacidad de significación. De esta manera, los objetos interactúan en la construcción de realidades socioculturales de las que el universo artificial forma parte.

del producto: el diseño y los actores vinculados al proyecto por diversos motivos.

Ahora bien, no sugerimos que los actores económicos sepan diseñar, ni que los diseñadores sean expertos en economía, pero sí que ambos conozcan los objetivos comunes que deben articularse en la creación de un producto y que, de esta manera, estén en condiciones de interactuar o de delegar tareas. Además, "en el ámbito de la empresa aun la gestión ha sido infravalorada en los últimos años y en muchos casos se ha convertido en una tecnocracia vaciada de pensamiento utópico. Una gestión sin utopías no soluciona los problemas así como que las utopías que se construyen sin cable a tierra no modifican la realidad"[3]. Así, mientras los diseñadores no conocen suficientemente las pautas económicas, financieras, burocráticas y de mercado involucradas en el desarrollo de un diseño, en el área económica, los responsables del producto ignoran los valores sociales y culturales que inciden en la innovación.

Es posible suponer que en un futuro cercano la gestión del producto será materia fundamental en la formación de los MBA *(Master* en *Business Administration).*

En lo que concierne al término "estratégico" como adjetivo del diseño, podemos afirmar que el mismo enfatiza la necesidad de definir los objetivos del proyec-

---

c) Sistemas socioculturales: en ellos participan procesos de identidad, de integración, de diferenciación y de relaciones asociativas entre los objetos y la gente, y entre las personas a través de los objetos.

d) Sistemas de generación: en los cuales los diseñadores, los productores, los empresarios, los consultores de mercado y los usuarios son considerados como participantes de la creación y del consumo de los objetos artificiales, y como consecuencia de estos procesos, aparecen, a su vez, involucrados en la tarea simétrica de tecnificación de la cultura y socioculturización de la tecnología.

e) Sistemas ecológicos en los que los problemas de los objetos son estudiados en su ciclo de vida, en su descarte prematuro, en su interacción con el medio ambiente, así como en relación con la instalación de un diseño sustentable.

Para una mayor información sobre estos sistemas, véase la obra de Margolín, Victor y Buchanan, Richard: *The Idea of Design*. MIT Press, Cambridge, Massachusetts, p. 169.

3. Dr. Mario Albornoz, investigador principal del CONICET, en: La Nación, Buenos Aires, 28 de febrero de 2004.

to a ser alcanzados en el largo, mediano y corto plazo de acuerdo a un orden de prioridades de las metas a cumplir dentro de determinados márgenes de riesgo.

El diseño estratégico debe necesariamente comenzar a partir de un concepto que enuncie con precisión las propiedades materiales e inmateriales del producto, su grado de innovación y, sobre todo, el sentido que pretende transmitir a la gente. Un concepto, podríamos decir, que defina la identidad genética del producto. Tal concepto se construye, como dijimos, en la red de "conexiones" en la cual se conectan todas las acciones y los acontecimientos que participan del proyecto. El concepto de diseño –sintético y *quasi* telefónico– actúa como un selector de prioridades y de caminos proyectuales; y en el caso de los equipos de diseño, como una marca interna que crea pertenencia. Cuando falta el concepto, el lápiz queda más comprometido con la configuración del producto y proclive a la frivolidad.

En resumen, el objetivo central que articula los distintos capítulos de este trabajo es el de sugerir un punto de vista ampliado, integrador e interactivo que permita recuperar la participación protagónica del diseñador en la gestación del proyecto. Es importante subrayar que el propósito de la gestión interdisciplinaria del diseñador no es el de adquirir los conocimientos necesarios para actuar en el campo específico de otras disciplinas, sino más bien el de comprender los puntos de vista de esas disciplinas para poder interactuar con las mismas.

En el campo del diseño, este texto está particularmente dirigido a los diseñadores de producto, pero tanto los aspectos conceptuales como operativos que se consideran son aplicables a cualquier disciplina relacionada con los problemas y con el proyecto del escenario artificial del hombre. Por otra parte, los cambios acelerados en todas las áreas del diseño (producto, gráfica, arquitectura) ya han dado lugar a nuevas modalidades interactivas de concebir y de llevar a cabo el proyecto, desdibujando las fronteras entre las especialidades tradicionales de diseño, y dando lugar a nuevas disciplinas que comienzan a poner en crisis las respectivas especificidades profesionales.

Finalmente, es posible afirmar que el propósito esencial de este libro es el de sugerir una red de conocimientos y de acontecimientos que pueden ser recorridos en diversas direcciones incorporando nuevos puntos de vista y profundizando aquellos aspectos más afines con los intereses y las estrategias adoptados. El campo del diseño permite realizar infinidad de operaciones, además de la tarea de diseñar.

A continuación, relataré los orígenes o, mejor dicho, las vertientes biográficas de este trabajo, que creo resultarán interesantes para el lector como un aporte accesorio al tema central de este libro.

En 1964, fundé en Buenos Aires una firma de equipamiento para empresas –Buró– en la que durante más de dos décadas me ocupé tanto de la conducción empresaria, como de la dirección del área de diseño. Para la primera de estas actividades, no contaba con los conocimientos necesarios, y desde mi formación profesional percibía la gestión administrativa como una actividad pragmática que contaminaba los objetivos del diseño. Tiempo después, llegué a la conclusión de que los arquitectos y los diseñadores solemos hablar y discutir sobre diseño, pero que si logramos tener éxito profesional es porque hacemos en forma más o menos directa todo lo que requiere una organización empresaria. Y en muchos casos desempeñando una de las funciones más difíciles de la empresa, como es la de las Relaciones Públicas.

Esta experiencia doble como empresario y como diseñador me permitió detectar que el desconocimiento de los problemas acerca de la cultura del producto en el ámbito de la empresa, dificulta y en muchos casos imposibilita la participación del diseñador en el proceso de toma de decisiones acerca del producto de cuyo diseño es responsable. Por otra parte, además, el hecho de que el diseñador no conozca sus limitaciones con respecto a los factores del mercado y de la empresa da lugar a conflictos y comportamientos que no tienen su origen en los tableros de diseño, sino en la imposibilidad de una comprensión del proyecto por parte de los actores que participan en el mismo. Por supuesto que es legítimo argumentar, ya en términos generales, que la empresa comparte con los diseñadores la responsabilidad de los conflictos mencionados, pero lo que nos interesa señalar es que, como resultado de estos conflictos, los diseñadores suelen quedar relegados a la instrumentación de un proyecto definido sin su apropiada participación.

Las situaciones comentadas seguramente contribuyeron a ir conformando el concepto de "gestión de diseño" como una interacción crítica entre todas las disciplinas involucradas en la creación de un producto. Como resultado de ello, a partir del año 1985 en el que me reincorporé como docente a la Facultad de Arquitectura, Diseño y Urbanismo de la Universidad de Buenos Aires, comencé a concebir una carrera de posgrado interdisciplinaria, que incluía cuatro módulos de gestión: del diseño, de la empresa, de la tecnología y de la metodología.

Por otro lado, en 1996, conversando con Tomás Maldonado acerca del proyecto de la nueva carrera, él me comentó que en el Instituto Politécnico de Milán se estaba programando una maestría similar sobre diseño estratégico y me puso en contacto con el Dr. Medardo Chiapponi, encargado de ese desarrollo en el Instituto de Milán. Luego de una etapa de trabajo en conjunto, el Politécnico de Milán y nuestra Facultad acordaron un convenio de intercambio académico que incluyó un certificado de estudios otorgado por el instituto milanés. Años más tarde, los resultados académicos de este curso confirmaron uno de sus objetivos más importantes: el aprendizaje de contenidos interdisciplinarios con una audiencia interdisciplinaria da lugar a una nueva manera de pensar, comunicar e implementar el proyecto.

Una década después, incluir el concepto de "gestión" en el ámbito académico del diseño, ha seguido presentando dificultades.

1.
¿De qué diseño hablamos?

Cuando hablamos de diseño, hablamos de aquellos proyectos que recorrieron el camino que va desde la idea, hasta el producto instalado en la sociedad

La gente desea y aprecia los objetos por lo que los objetos son; por el sentido que han adquirido. Este "sentido" es quizá la razón prioritaria del diseño

La gestión específica del diseño es la de posibilitar la socialización y la culturización de las entidades artificiales

"El objeto se hace accesible sólo si posee algún mensaje acerca de sí mismo". Peter Eisenman

1. ¿De qué diseño hablamos?

Esa relación entre la gente y las cosas que constituye el atributo más significativo del diseño.

1.1. Producto y prototipo

Cuando hablamos de diseño, nos referimos a aquellos proyectos que recorrieron el camino que va desde la "idea" hasta el "producto instalado en la sociedad", pasando por representaciones, maquetas y prototipos.

En países en vías de desarrollo como el nuestro, donde la industria no ha alcanzado el grado necesario de evolución que requiere tanto el mercado interno como el externo, las publicaciones sobre diseño suelen mostrar imágenes de productos que nunca pasaron el nivel de prototipo (proto-producto) o de una producción artesanal, debido seguramente a que la actividad de los diseñadores ha sido sensiblemente mayor en el trámite que va desde el tablero hasta el prototipo, que en el que a partir del prototipo se inserta en el proceso industrial. Si bien esa actividad proyectual a través de modelos de estudio es sumamente importante para promover la investigación innovadora y la comunicación del diseñador con la industria, no debemos olvidar que la misma implica el riesgo de confundir "prototipo exhibido" con "producto".

A diferencia de lo que ocurre con el diseño, en el ámbito de la arquitectura cada obra es un prototipo y las conclusiones de su *performance* servirán para diseños futuros, pero no para una segunda repetición mejorada de la obra realizada, salvo en algunos procesos industriales de prefabricación. De esta manera, en la arquitectura no existen instancias previas a la obra que puedan simularla: los productos son prototipos y viceversa.

1.2. Los productos y la gente

Si bien está comprobado que la producción artesanal de series reducidas es una etapa inicial casi ineludible en la evolución del diseño, también es cierto que de no ser superada es muy difícil que el producto llegue a insertarse cuantitativamente en el mercado para posibilitar esa relación entre la gente y las cosas que constituye el atributo más significativo del diseño. Los productos y la gente son quienes construyen la historia del diseño.

Según lo dicho, nos estamos refiriendo a objetos que, independientemente de la evaluación que pueda merecer su diseño, están o han estado en relación con la gente, con sus deseos, sus necesidades, sus manipuleos, sus gustos y sus fantasías. El vínculo con la gente no se construye desde una vidriera ni desde una publicación. Los productos se contaminan con sus dueños y los ayudan en su integración social. La gente, a su vez, modifica los objetos, les quita usos y significados y les agrega otros. Los desea o los rechaza no por lo que los diseñadores delegaron en los objetos, sino por lo que los objetos son, por el sentido que han adquirido. Este "sentido" es quizá la razón prioritaria de un buen diseño.

Hasta hace algunas décadas, los discursos sobre las propiedades formales, las formas funcionales, el "buen diseño" se daban en una relación estática de los productos con la gente. Es decir, una relación en la que el objeto era ofrecido y el sujeto sumisamente lo aceptaba o lo rechazaba. En una convivencia

> promiscua y simbiótica como la que hoy vincula el mundo artificial con el humano, los productos y las personas se combinan en su propia interfase para facilitar la identidad y la integración con "los otros". Con su "sentido" los productos hablan por sus dueños.

En la categorización de diseño que proponemos, no excluimos los proyectos que a pesar de no haber sido materializados poseen características tecnológicas o culturales que proponen cambios significativos. En el campo del diseño, dibujos y prototipos han modificado la historia, pero en determinados momentos en que era posible cambiarla de esa manera. En la actualidad –provisoria y mutante– el diseño implica productos instalados en el sistema económico, en el mercado y en la sociedad.

1.3. Diseño y ciencia de lo artificial

Hasta aquí hemos analizado el diseño partiendo del producto, sus atributos de innovación y sus relaciones sociales. Intentaremos ahora considerar su especificidad proyectual, la que definida de manera adecuada facilita su interacción con las áreas técnicas, sociales y artísticas con las que el diseño mantiene fronteras permeables. Por especificidad proyectual del diseño –arquitectura y diseños– entendemos el proceso de innovación cuyo *fin último,* si bien comparte el hábitat del hombre con disciplinas de frontera como las ingenierías, el arte y las ciencias sociales, no coincide con el *propósito central* de dichas disciplinas.

En 1969, el economista y científico social Herbert Simon, Premio Nobel en 1978, publicó el libro *The Science of the Artificial,* en cuya introducción proponía considerar el universo de objetos concebidos y construidos por el hombre como un sistema programado con el propósito de alcanzar metas y objetivos de adecuación al entorno en que dicho sistema opera. A este sistema lo denominó *artificial*, en contraposición al ya conocido como *ciencias naturales*. Por otra parte, el autor desarrollaba su convicción de que era factible afirmar que "si los fenómenos naturales obedecían a un principio de *necesariedad* supeditado a la ley natural, tanto los objetos como los fenómenos artificiales configuraban un proceso de *contingencia* debido a la maleabilidad ejercida por el contexto"[4]. Es decir, un principio referido a *cómo son las cosas* en el primer caso, y a *cómo podrían ser* en el segundo. Debido a esta propiedad de *contingencia* de los fenómenos artificiales, afirmaba Simon, siempre han existido dudas sobre su pertenencia a la esfera de la ciencia, en gran medida a causa del carácter teleológico de los sistemas artificiales y a la consecuente dificultad de deslindar el principio empírico de *descripción* establecido en las ciencias naturales del principio de *prescripción* inherente al proceso proyectual por medio del cual son concebidos los objetos artificiales. Así como una ciencia natural, en palabras de Simon, es un cuerpo de conocimiento acerca de determinada clase de objetos y fenómenos (de sus características y propiedades, de la manera en que se comportan e interactúan entre sí y con su entorno), de la misma forma correspondería preguntarse si no es posible considerar la existencia de una ciencia destinada al conocimiento de los fenómenos y productos artificiales en lo referente a la manera en que operan entre sí y a sus modalidades de interacción con los fenómenos naturales y con las personas para los que fueron creados.

"Ingeniería, economía, arquitectura y pintura", sostenía el economista, "conforman las disciplinas que conciernen, no con la supeditación a la *ley natural* sino con lo *contingente*". Es decir, dichas disciplinas se refieren a lo que las cosas podrían ser en un proceso que

4. Simon, Herbert: *The Science of the Artificial*. The MIT Press, Cambridge, Masachusetts, Londres, 1969.

Simon denomina *diseño*. Pero, como veremos, con un diseño particularmente ampliado.

El proceso de interfase con el que este autor define el diseño consta de tres instancias: un contexto interno del objeto mismo, un contexto externo con el que interactúa el artefacto y un propósito referido a los resultados de dicha interacción. El resultado será satisfactorio si la interfase permite reemplazar una situación anterior por otra más adecuada. Lo que le permite a Simon englobar en una misma área desde la ingeniería hasta el arte, es una concepción del "*propósito* que motiva la interfase" dentro de los lineamientos del *problem solving*, es decir, dentro de un desarrollo que en el caso del diseño, reduce los objetivos del proyecto a aquellos que están referidos solo a la lógica del proceso. Precisamente, uno de los casos analizados por el autor es el del juego de ajedrez basado en la memoria intuitiva construida a partir de la sistematización de situaciones estratégicas recordables.

La identidad, la especificidad de cada una de las disciplinas "homogeneizadas" por Simon aparecerá una vez que el *propósito* de cada actividad –su fin último– se defina, más allá del proceso lógico prescriptivo. Esto significa que la especificidad no reside en el procedimiento, sino en el interés final del mismo.

Si seguimos el trayecto conceptual de Simon centrado en el principio de *contingencia* mencionado y acotando el campo de intervención a la construcción del *hábitat artificial*, es posible englobar en una misma área disciplinar a la arquitectura, los diseños y la ingeniería. En las tres intervenciones mencionadas –arquitectura, diseños e ingeniería–, las prescripciones presentarán coincidencias en la definición de metas de función y de producción, es decir, en los objetivos lógico-técnicos. Pero si bien la arquitectura y los diseños pueden compartir con la ingeniería las metas técnicas, lo hacen a través de una reformulación de las mismas con el fin de alcanzar resultados sociotécnicos, que de esta manera articulan simbología, rituales, creencias, así como determinados sistemas de preferencia referidos al lenguaje, a la comprensión y a la percepción del objeto. Este conjunto de objetivos sociotécnicos constituiría así la *condición específica y autónoma del diseño*, indispensable para reformular y transferir la función y la tecnología al ámbito sociocultural. Es decir, el requisito generado por la sociedad para posibilitar la incorporación de las *entidades artificiales* mediante la socialización y la culturización de sus propiedades. Y esta última alcanza el éxito cuando los objetos permiten y facilitan la relación entre las cosas y la gente. Cuando las cosas tienen sentido.

La culturización no es específica del universo artificial. En el caso de los animales, este proceso es conocido como domesticación. Resulta oportuno recordar que hace dos décadas el diseñador italiano Andrea Branzi presentaba en Milán su colección de "animales domésticos" constituida por una serie de objetos de uso, cuyo diseño estaba centrado en acentuar el carácter "amistoso", socializado mediante un lenguaje particularmente naturista y zoomórfico. Esta premonición de Branzi integra desde hace unos años la agenda de sociólogos y antropólogos.

1.4. Lo específico del diseño

No ha resultado fácil hasta el momento llegar a la conclusión de que un área proyectual pueda constituirse como disciplina específica y autónoma. Como ya hemos analizado, el diseño se vincula en mayor o menor grado e interactúa con diversas áreas del conocimiento, tales como la sociología, la antropología, la historia, la ética, la estética, la ergonomía, la psicología perceptiva, la ecología, la gestión y las tecnologías. Pero este accionar interdisciplinario va más allá de una gestión coordinadora de factores técnicos y socioculturales, configurando una "disciplina autónoma en el sistema de decisiones sociotécnicas sobre los objetos y los espacios del universo artificial, con el fin de otorgarles la significación requerida para su socialización". Peter Eisenman lo expresa en pocas palabras: "El objeto se hace accesible sólo si posee algún mensaje acerca de sí mismo".

Si consideramos el tema que nos ocupa desde otro punto de vista, sabemos que la culturización técnica del diseño se inicia en las necesidades utilitarias del hombre (necesidades naturales o creadas por el hombre). Pero este objetivo de usabilidad no responde únicamente a la elección de un problema a resolver, ni constituye el resultado de decisiones personales o grupales. Se trata, más bien, de un objetivo colectivo, *suprapersonal y eterno*[5], una especie de destino de superación permanente que obliga al hombre a estar al servicio de sí mismo. Maldonado cita al historiador F. Braudel refiriéndose al hecho de que "en cada actuar humano hay siempre en mayor o menor medida un momento artefactual protésico, o sea el recurso a un dispositivo instrumental dispuesto a potenciar nuestro actuar operativo y comunicativo" (G. Steiner lo denomina *libido scientis*, como un deseo compulsivo de aprendizaje y desafío). Así, es posible afirmar que el objetivo de lo utilitario en el diseño –la finalidad operativa– fue impuesto por dicha génesis colectiva, actuando más como una excusa para *hacer*, para significar, que como un problema a resolver.

En el análisis que hemos realizado hasta aquí, se han señalado tres polos interactivos: técnica, usabilidad y significación. A través de la interacción de estos tres polos que conforman el territorio específico del proyecto, se evidencian además las fronteras epistémicas del diseño: las ingenierías si relacionamos técnica y usabilidad, las artes cuando actúan la técnica y la significación y las ciencias sociales instaladas entre la usabilidad y la

5. Maldonado, Tomás: *Técnica y Cultura*. Ediciones Infinito, Buenos Aires, 2002, p. 296.

Lo específico del diseño

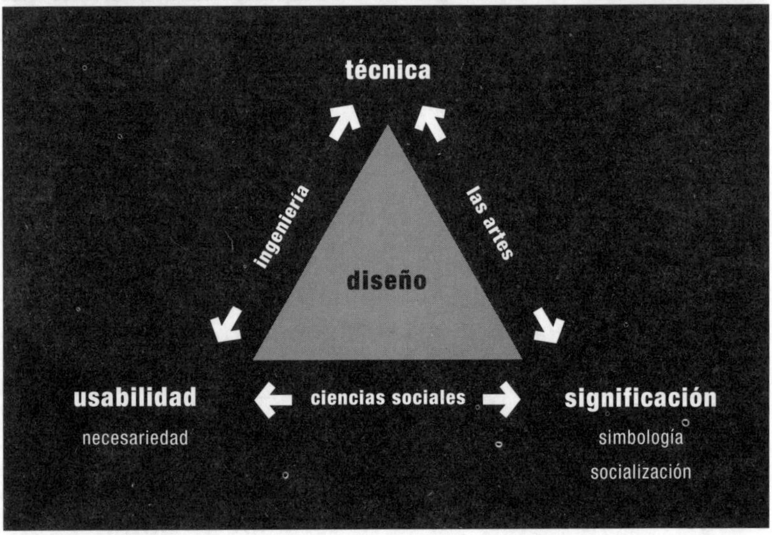

significación. Es evidente que el triángulo conformado por las tres variables mencionadas constituye una simplificación, ya que el territorio proyectual incluye, en mayor o menor grado, otras variables como la ética y la sustentabilidad, pero solo a partir de la *técnica*, la *usabilidad* y la *significación* es posible definir lo específico del diseño y su posibilidad de innovar.

1.5. ¿Sigue la forma a la significación?

De acuerdo con lo mencionado, y considerando especialmente la incidencia de cada una de las variables anotadas en el proceso de diseño, es interesante el resultado de un estudio realizado en 2002, en Milán, por el "Ministerio de la Universidad y de la Investigación Científica y Tecnológica" junto con la "Unidad de Investigación del Politécnico de Milán", coordinadas, respectivamente, por Ezio Manzini y Alberto Seassaro en el marco del programa *Sistema Design Italia*[6]. El tema

6. Zurlo. F., Cagliano, R., Simonelli, G., Verganti, R.: *Innovare con il Design*. Il Sole 24 Ore, Milán, 2002.

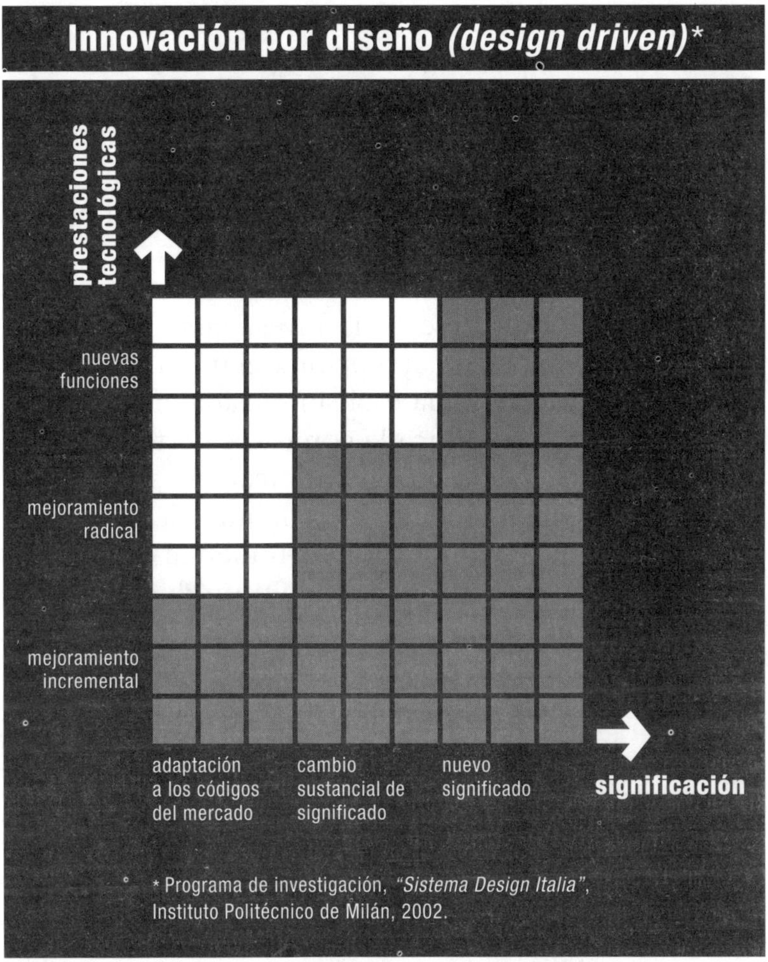

de la investigación está centrado en la modalidad del proceso empresario-tecnológico-proyectual en el sector específico de la iluminación en Italia, y en especial en la percepción del cliente respecto de los diversos aspectos de la innovación del producto.

En síntesis, el estudio concluye lo siguiente:
• Las empresas italianas desarrollan la innovación priorizando la participación del diseño, proceso al que denominan *Design Driven* (Innovación conducida por el Diseño).
• Los valores del lenguaje y del mensaje del producto

están presentes desde el inicio del proyecto, conformando el "concepto de diseño".

• Los niveles percibidos por el cliente respecto de las prestaciones tecnológicas, por un lado, y de la significación, por el otro, son, en términos generales, equivalentes en la escala de grados de innovación. Y en muchos casos, prevalecen los valores de significación.

En el informe de la investigación realizada en Milán, la percepción del usuario referida a la tecnología está sintetizada en tres niveles y ejemplificada con casos pertenecientes al área de las telecomunicaciones.

1. Mejoramiento incremental de la prestación. (La innovación incremental de las prestaciones funcionales de un producto presenta un ejemplo en el desarrollo de un nuevo sistema de codificación de señales digitales para mejorar la capacidad de transmisión de información por medio de cables coaxiles.)
2. Mejoramiento radical. (La inclusión de un nuevo cableado como la fibra óptica, implica el desarrollo de nuevas tecnologías que poseen un aumento sensible en la capacidad potencial de transmisión.)
3. Nuevas funciones. (La posibilidad de comunicarse estando en movimiento por medio de la comunicación inalámbrica y de la radiotelefonía, instala nuevos comportamientos sociales.)

La percepción de la significación del producto comprende también tres graduaciones, con ejemplos referidos a la empresa de relojes Swatch:

1. Adaptación a los modelos sociales y culturales vigentes. (El lenguaje del producto adap-

tado a los códigos y a los valores dominantes existentes en el mercado es propio de los sectores que operan con el "sistema de colecciones". Swatch rediseña sus colecciones dos veces por año con el fin de adecuarlas a los temas que han emergido en la estación anterior y que son así continuados y revalorizados para el período subsiguiente.)

2. Cambio sustancial de los significados. (Recientemente, la misma empresa creó un nuevo concepto de tiempo internacionalizado: el "tiempo internet", igual para todos sus poseedores en cualquier lugar del mundo. El reloj queda así identificado con una red horaria particular y asociado con simbologías aeronáuticas y satelitales.)

3. Generación de nuevos significados. (En 1989, el proyecto originario de Swatch impuso nuevas y múltiples significaciones al producto tradicional por medio de un reloj de bajo costo y de alto valor simbólico, con un lenguaje hasta ese momento no asociado a esa tipología de objetos. Este pasaje del ámbito social al cultural convirtió un objeto de uso en un objeto coleccionable.)

Los sistemas de graduación mencionados constituyen un aporte de suma importancia para la evaluación proyectual del producto ya que permiten objetivizar las instancias de cambio propuestas por el diseño. Por esta razón recurriremos a estos sistemas en varios de los capítulos siguientes.

Esta investigación, referida al tema de la especificidad del diseño expuesto más arriba, muestra de qué manera se relacionan las características de un consumo de alto desarrollo socioeconómico (y de un sector particular de productos) con la participación diferenciada de las variables del diseño, en un proceso en el que la significación actúa frente a las prestaciones funcionales *(tecnología y usabilidad unificadas)*, compartiendo o superando los niveles "percibidos" de innovación de las mismas. Es decir, la gente valora la significación tanto o más que la tecnología.

De manera similar, una especialidad de diseño desarrollada años atrás en Palo Alto, conocida como Diseño Etnográfico, centra su interés casi exclusivamente en las variables de "usabilidad" y de "significación", mediante investigaciones de campo referidas a las relaciones globales entre el producto y el usuario a lo largo del proceso de adquisición, uso y desecho. Esta metodología tiene como meta, además, detectar productos, servicios y procesos no conocidos.

La simplificación de definir el ámbito del proyecto de acuerdo con tres variables –técnica, uso y significación– es sólo un punto de partida para esclarecer los valores que definen la especificidad del diseño, y poder así acceder a un espacio interdisciplinario con nuevas conexiones y nuevas intersecciones.

2.
Investigación del proyecto

La tesis de un proyecto consiste en la investigación de la "investigación proyectual", es decir, la investigación del "sistema de decisiones" adoptado

2. Investigación del proyecto

Una vez definido el campo específico del diseño, es posible avanzar en la investigación del proyecto en términos de tesis, más allá de lo que comúnmente denominamos "investigación proyectual" como sinónimo del proceso de diseño.

En el ámbito universitario, el proyecto como objeto de investigación no sólo es discutido y difícilmente aceptado por las "ciencias de la razón" sino que aun en los espacios académicos del diseño no existe consenso sobre los contenidos y el discurso que deberían caracterizar la tesis del proyecto.

Considerar la investigación del proyecto implica además enfrentar un aspecto largamente discutido como es el funcionamiento del mecanismo creativo.

Si aceptamos que el diseño integra la ciencia de lo artificial y que por lo tanto su objetivo está centrado no en el "como son las cosas" de las ciencias naturales sino en "cómo pueden ser las cosas" (siguiendo el concepto de contingencia de Herbert Simon), el proyecto es una de las "alternativas probables" del proceso proyectual. Decimos "probables" porque ninguna de las opciones es, ni puede llegar a ser la única alternativa pertinente susceptible de ser detectada. La posibilidad del descubrimiento queda así descartada y el proyecto adquiere una legítima categoría de "propuesta probable".

Cuando el diseñador luego de una etapa de estudio del tema, inicia el proyecto dispone de una información de requerimientos y posibilidades extremadamente compleja y muchas veces contradictoria. Por lo general deducir de estos datos un trayecto proyectual no resulta posible si antes no se limita el campo de acción definiendo, valores, objetivos, criterios y gestiones de prioridad. Este "trayecto orientador" se hace posible una vez que el diseñador genera, implícita o explícitamente dichos objetivos y criterios, conformando así las hipótesis dentro de las cuales podrá concretarse un proyecto (de su autoría o ajeno) como parte de dicho modelo o interactuando con el mismo en el transcurso de su desarrollo.

Estas hipótesis, en ocasiones son explicitadas en la etapa inicial del proceso de diseño y en otros casos con posterioridad o simultáneamente con dicho proceso.

La estructura lógica de esta "generación de hipótesis", denominada "abducción" por Charles Peirce, es una particular operación de inducción[7] (diferenciada de la deducción y de la inducción misma) en la cual las hipótesis generadas son el resultado de una sospecha, de un proceso de inferencia racional-intuitiva. Desde otro punto de vista podemos decir que la abducción permite la reducción de muchos valores, pautas y fenómenos diversos a un "común analógico", un modo

7. La deducción se puede definir como una conclusión que surge de una regla aceptada. Es decir que va de lo general a lo particular. Inversamente la inducción llega a una regla general o a una hipótesis partiendo de la consideración de hechos particulares. La abducción supone, intuye, la probabilidad de una hipótesis, de una regla o de un modelo según los casos. Es decir, como ya dijimos, genera hipótesis para orientar los objetivos con los que se producirán los hechos particulares.
En el campo del diseño, cuando León Battista Alberti, como protagonista del Renacimiento italiano afirma: "cuanto menos escaleras haya en un edificio y cuanto menos espacio ocupen mejor será" está enunciando una hipótesis que forma parte de un modelo de proyecto. Lo mismo puede decirse del Modulor de Le Corbusier, de sus escritos sobre la casa y la ciudad y sobre el sistema pedagógico de la Escuela de Ulm. Como en tantos otros casos, son hipótesis avaladas por realizaciones que constituyen la historia de la arquitectura y del diseño.

de pensar siempre presente en el proceso proyectual. Este mecanismo de "abducción" ha sido señalado por varios autores como propio de la inteligencia creativa de la poesía, del arte y aun de los descubrimientos científicos.

Con referencia a la inteligencia creativa Karl Popper en su obra *La lógica de la investigación científica* señala que el método científico tiene dos partes: una inventiva y otra demostrativa. Luego aclara que él sólo tratará la segunda destinada a cómo probar la hipótesis pues el modo de obtenerla depende del genio y no puede enseñarse. Esta aseveración acorta las distancias entre las ciencias duras y el diseño.

Las suposiciones racionales-intuitivas que conforman las hipótesis adquieren certeza a través del conocimiento y pueden convertirse en suposiciones expertas. Pero aun así la verificación o validación de un modelo de diseño no resulta posible en los términos en que lo exigen los paradigmas de las ciencias de la razón.

Si bien podemos afirmar que el proyecto es en sí mismo una "investigación" que genera hipótesis y resultados, produciendo un modelo y un caso particular de dicho modelo, la "investigación proyectual" no constituye una Tesis en los términos académicos vigentes.

El aporte de nuevos conocimientos, explicitados y transmisibles (propio de una tesis de investigación), no es fácilmente perceptible en el proyecto. La evaluación del proyecto como resultado concreto, se realiza en base a una o más opiniones calificadas (un jurado) que lo evalúan por lo que el proyecto llegó a ser, por su adecuación a las pautas del programa y por su propuesta con respecto al contexto ambiental, social y cultural.

En la evaluación del proyecto por jurados las hipótesis a las que refiere el proyecto suelen ser evaluadas solamente a través del producto resultante.

Un edificio, un producto, pueden comunicar, connotar, nuevos códigos sociotécnicos y culturales pero el conocimiento que aportan no está explicitado ni categorizado y por lo tanto no es un saber específicamente transmisible. Sigue constituyendo una intervención profesional.

La tesis de un proyecto consiste en la investigación de la "investigación proyectual", es decir, la investigación del "sistema de valores y decisiones" (proceso interactivo entre el "resultado del proyecto" y las hipótesis del modelo generado al cual responde).

En la tesis los aspectos sociales, culturales, innovativos, simbólicos, funcionales y tecnológicos del proyecto y de sus hipótesis deben ser valorados específicamente con respecto a su capacidad para *estructurar, categorizar y transmitir nuevos conocimientos.*

Por lo tanto, la calidad de una tesis de proyecto no tiene que coincidir necesariamente con la evaluación de un jurado ya que se trata de juicios realizados con respecto a distintos valores.

> En lo que respecta a la enseñanza del diseño la "generación de las hipótesis" ya mencionada centra la iniciación del proceso proyectual en la definición de conceptos y valores estratégicos profundizando, de esta manera, la comprensión del tema en estudio a través de un entrenamiento en el uso del pensamiento abstracto descontaminado de configuraciones ya existentes.

Sin pretender abarcar la totalidad del campo de una tesis podemos proponer una síntesis de la información que debería incluir:

Hipótesis, definidas con respecto a:

- la pertinencia proyectual y temática
- los valores y contenidos
- el concepto de diseño
- los objetivos funcionales, tecnológicas, de significación

• el contexto sociedad, mercado, empresa
• el contexto ciudad
• el contexto local / global
• la solidaridad y universalidad de diseño
• la sustentabilidad del proyecto
• la gestión del proyecto
• la categorización formal-espacial
• la categorización del hábitat

Sistema de decisiones del proyecto:
• red de aspectos y conocimientos considerados, experiencias, prefiguraciones, actores
• actores del proyecto: privados, públicos, comunitarios, políticos
• sistema de prioridades de los objetivos de proyecto
• objetivos estratégicos priorizados
• resultados concretos a obtener en cada uno de los objetivos del proyecto: prestaciones funcionales, tecnológicas, de significación

Información referida a la configuración y construcción del producto.

La tesis podrá ser desarrollada:
• a posteriori de la realización del proyecto, en etapas previas o durante el desarrollo del mismo
• referida a temas de urbanismo, arquitectura, diseño
• con respecto a factores funcionales, tecnológicos, morfológicos, de significación
• en centros de diseño, empresarios, industriales, tecnológicos

La vinculación de la investigación del proyecto con la empresa y con la industria podrá producir conocimientos alejados hasta ahora de la enseñanza del diseño.

3.

Una sugerencia de la biofísica

En el universo biológico, mantener una tensión crítica con el entorno significa mantenerse independiente de sus caprichos

La anticipación es la función propia del conocimiento. Anticiparse es modificar la incertidumbre por medio de un proyecto que produzca un contexto más controlable

La estrategia es tan antigua como el planeta y su objetivo fundamental es la permanencia, de lo inerte, de lo vivo y del hombre.
La permanencia es también una estrategia del producto

3. Una sugerencia de la biofísica

A partir de la Revolución Industrial, el "diseño" quedó asociado al concepto de "progreso" como resultado de la creencia de que este significaba un crecimiento ininterrumpido tanto en los aspectos sociales como en los económicos, dando por sentado que las reservas naturales eran inagotables. En este proceso, el diseño resultaba un factor cada vez más necesario.

En la década del 70, la crisis del petróleo demostró que el citado paradigma del progreso se había basado, entre otras cosas, en una deficiente información sobre el contexto energético de la industria y en la insuficiente inversión realizada en innovación tecnológica. Desde entonces el concepto de "progreso" ya no admite ser asociado al perfeccionamiento del bienestar económico, social o cultural salvo que se lo asigne a sectores minoritarios de la humanidad y en determinadas etapas de su evolución. Pero a esta altura, ya debemos preguntarnos qué entendemos por progreso.

Este término ha sido y sigue siendo objeto de un debate que incluye diferentes marcos de referencia, tanto culturales, sociales, económicos e históricos, como biológicos, antropológicos y políticos.

Dado que las disciplinas proyectuales tienen una vinculación ineludible con el "contexto" y sus transformaciones, nos ha parecido interesante considerar las conclusiones que acerca del "progreso" plantea el Dr. Jorge Wagensberg –biofísico de la Universidad de Barcelona–[8], que desde una óptica de las llamadas ciencias duras aporta un enfoque sugerente para los estudiosos del diseño. En un extenso análisis y coincidiendo con otras disciplinas científicas, Wagensberg sostiene que en todo sistema biológico el progreso está directamente vinculado a la independencia del sistema con respecto a la incertidumbre del entorno. Esta relación entre el sistema interno y el externo se produce en dos instancias simultáneas. Por un lado, el organismo biológico está atento a su entorno del que recibe información y con el cual intercambia temperatura, humedad y energía. En otro sentido, su supervivencia está supeditada al mantenimiento de cierta independencia con respecto a la incertidumbre del contexto mediante estrategias de adaptación y de autonomía. En esta interacción se ha constatado que frente a la complejidad de esa incertidumbre se privilegia la colaboración y la interacción de los actores internos por sobre la competencia individual, con el objeto de maximizar la capacidad de permanencia.

Wagensberg también comenta que se ha llegado a un cierto acuerdo científico en el sentido de que este proceso proveniente de la investigación sobre los fenómenos que tienen lugar en la historia de la materia viva presenta claras similitudes con la historia de los organismos socioculturales, en sus diversas escalas, ya que la supervivencia de los mismos ha dependido y depende de su capacidad para adaptarse a los cambios de contexto manteniendo, al mismo tiempo, una determinada diferenciación con su entorno. Este proceso de adaptación, agrega el autor, requiere una percepción del contexto por parte del sistema, es decir, un intercambio permanente de información.

8. Wagensberg, Jorge: *Observatorio Siglo XXI*, Capítulo 11: El progreso ¿un concepto acabado o emergente? Paidós, Buenos Aires, 2002.

Adaptación, supervivencia, percepción del contexto, diferenciación, intercambio de información son conceptos básicos sobre los que se articula la estrategia de toda gestión de proyecto y de producto, como iremos viendo más adelante. Y si transferimos más en detalle nuestro análisis a las modalidades conceptuales y prácticas del diseño, podemos constatar que en las últimas décadas:

- Se pusieron en evidencia serios desajustes de información entre la gestión del diseño y su contexto económico-empresario con el resultado de una pérdida de la autonomía proyectual.
- El diseñador cedió su participación en el proceso de diseño frente al avance de los actores de la economía y del mercado. Es decir, la gestión de diseño no supo adaptarse a los cambios del contexto.
- Como un hecho significativo podemos agregar que tampoco se privilegió el accionar interactivo sobre el individual. Salvo algunas excepciones, la arquitectura y el diseño son estudiadas de la misma manera desde hace varias décadas. Muy recientemente se inició un proceso de hibridaciones y superposiciones entre los campos de la arquitectura, el diseño y la gráfica, respondiendo seguramente a la necesidad mencionada.

Wagensberg señala que en el universo biológico "mantener una tensión crítica con el entorno significa mantenerse independiente de sus caprichos". Esta afirmación referida a la historia de la materia viva guarda una cierta similitud, si se nos permite la simplificación, con los objetivos del diseño en el sentido de "armonizar críticamente" las necesidades estables de la sociedad con las inducidas por el mercado, incluyendo tanto los requerimiento de "confort" postergados como los previsibles en un mediano plazo.

En una obra reciente[9], Wagensberg realiza un análisis de la "selección" que opera en todas las instancias de la naturaleza en términos que guardan una referencia significativa con el proceso proyectual. Allí señala que todo lo existente es el resultado de una selección al que están sometidos la materia inerte, los seres vivos y los seres inteligentes. Y que en cada una de esas instancias la selección tiene objetivos prioritarios.

Para la materia inerte permanecer es seguir estando, resistir la incertidumbre del entorno; para los seres vivos, significa seguir vivo, por medio de un intercambio activo con el contexto. Finalmente, en la selección culta –como denomina Wagensberg la etapa que coincide con la inteligencia abstracta del hombre– permanecer significa seguir conociendo y anticiparse por medio de la creatividad. En la p. 72 de la última obra citada, leemos las siguientes líneas: "El sentido que damos aquí a la anticipación es un concepto novísimo que se da cuando el individuo se enfrenta a una situación inédita de su entorno y lo hace mediante un proyecto, una intención, una voluntad, un objetivo. La anticipación es la función propia del conocimiento, su plusvalía por superar la selección natural". Es decir, anticiparse es modificar la incertidumbre, domesticarla aunque sea provisoriamente y esto es posible por medio de un proyecto que produzca un contexto más controlable. Como veremos a lo largo de estos textos, la anticipación junto con la interacción y la selección de valores son las características que definen el diseño estratégico. La estrategia es tan antigua como el planeta y su objetivo fundamental es la permanencia de lo inerte, de lo vivo y del hombre. La permanencia de lo inerte es también una estrategia del diseño.

9. Wagensberg, Jorge: *La rebelión de las formas*. Tusquets, Barcelona, 2005.

4.

Nuevos escenarios para el diseño

Los cambios económicos, sociales y culturales ocurridos en las últimas décadas han instalado en la agenda del diseño nuevos problemas, la mayor parte de los cuales no cuenta aún con un diagnóstico adecuado

La nanotecnología, la biotecnología y el diseño etnográfico sugieren desde diversos ángulos, nuevas maneras de pensar el diseño

No es aceptable que la enseñanza del diseño aún distinga el "diseño" del "diseño sustentable"

4. Nuevos escenarios para el diseño

Desde la década de 1960, los procesos de diseño han venido enfrentando nuevos temas y nuevos escenarios, muchos de los cuales han adquirido especial relevancia durante los últimos diez años. Asimismo, recientemente se han adicionado otros encuadres como resultado de las más recientes transformaciones que tuvieron lugar en campos tan diversos como la revolución digital, la realidad virtual, las máquinas inteligentes, la biotecnología, la metropolización y la globalización de los procesos tecnoculturales.

4.1. Nanotecnología

A partir de la nanotecnología, el desarrollo tecnológico ha llevado la miniaturización a una instancia extrema. Y, según palabras del profesor Alejandro Piscitelli en su libro *Ciberculturas 2.0*, "la problemática que plantea se ubica en los límites de la razón" [10].

El término "nano" deriva de nanómetro, una medida de longitud equivalente a la millonésima parte del milímetro, que se utiliza para expresar las medidas de las moléculas y de los átomos. La nanotecnología, tanto en su teoría como en su práctica, se propone imitar la

10. Piscitelli, Alejandro: *Ciberculturas 2.0,* Capítulo II. Paidós, Buenos Aires, 2002.

estrategia de la naturaleza mediante un proceso en el que las moléculas operan como máquinas programadas para producir, suprimir o modificar vínculos en otro sistema molecular, con instrucciones para obtener resultados tales como ensambladores, rotores, engranajes, cojinetes, mecanismos de reparación celular y cibercomputadoras. En el caso de contar con la energía y las materias primas suficientes, estas máquinas moleculares podrían autorreplicarse indefinidamente.

A su vez, tales máquinas se constituirían como colonias espaciales en un cinturón geoestacionario ubicado a centenares de kilómetros de la Tierra, en el que podrían existir enormes ciudades rotatorias destinadas a la producción de todo tipo de objetos artificiales, biológicos o mixtos. Estas son algunas de las hipótesis sobre las que se investiga el desarrollo de las nanotecnologías.

Por otra parte, las críticas a la nanotecnología advierten sobre varios aspectos referidos a su crecimiento y a su aplicación:

- la enorme incidencia ambiental y el riesgo de destrucción de la biosfera
- la aparición de máquinas hiper-dimensionadas capaces de erosionar grandes extensiones del planeta
- la creación de nano-basura, que como resultado del uso de productos miniaturizados presentaría serias dificultades para su eliminación
- la destrucción de los códigos actuales del sistema económico-industrial y de la estructura de los mercados existentes

Como contrapartida de estos riesgos, se sostiene que con el uso de la nanotecnología podrían erradicarse las sustancias patógenas, la polución ambiental y el hambre mundial. El mercado provee ya productos de aplicación en la medicina y en la cirugía, en la informática, la alimentación, la construcción (cementos y pinturas especiales), los textiles (materiales conductores que actúan como parte de un sistema de información referido al cuerpo), la iluminación (en base a la utilización de monotubos moleculares de carbón).

En la obra citada, Piscitelli hace una observación especialmente interesante para el diseño y para un desarrollo tecnológico posible en los países periféricos: "El aspecto saliente de la nanotecnología es su dimensión ligada a la ingeniería. Su propuesta más ambiciosa consiste en *diseñar el propio proceso de diseño.* He aquí una de las ventajas comparativas para los países desindustrializados: especializarnos en el diseño en todos los planos: micro y macro, suntuario y de necesidades mínimas, estético y de supervivencia, para los tiempos presentes y para los que vendrán". Si bien el autor se refiere a un diseño algorítmico como el propuesto por Herbert Simon[11], un desarrollo productivo como el descripto trae aparejada una importante actividad proyectual y una intensa promoción de los niveles cognitivos.

Este pasaje impensable y drástico de las industrias duras a la fabricación virtual requiere la hibridación entre artistas, operadores y artistas computacionales, diseñadores, ingenieros y científicos. Es decir, entre las ciencias duras y las ciencias de lo artificial, integrando "el saber de cómo son las cosas de la naturaleza" con "el saber de cómo tienen que ser las creadas por los humanos".

Dado que esta nueva tecnología permite imaginar una sociedad global satisfecha adecuadamente en todas sus demandas de subsistencia, también es posible suponer una economía no basada en la escasez ni en las carencias sociales diferenciadas. Y en este probable escenario, Piscitelli plantea para el diseño un problema pocas veces imaginado: "¿Hasta qué punto nuestra

11. Véase Capítulo 1: ¿De qué diseño hablamos?

concepción del espacio interior no está basado en la necesidad de preservar los objetos (sillas, mesas, vehículos, paredes, etc.) que no se utilizan en el momento para su uso futuro?".

4.2. Diseño etnográfico

El aporte de la etnografía al diseño podría sintetizarse de la siguiente manera: si al diseñador le interesa qué hace la gente en relación con los productos, "al etnógrafo le interesa cómo la gente se ve a sí misma haciendo lo que hace con los objetos que usa"[12].

El propósito de la etnografía es la observación y la descripción cultural, pero su objetivo prioritario consiste en aprender cómo la gente que pertenece a un determinado grupo cultural responde a las circunstancias en las que se encuentra, y de qué forma asigna significados a dichas circunstancias para finalmente intentar comprenderlas. Desde la década de 1950, los objetivos del diseño con respecto a la interfase usuario-producto constituían una instancia fundamental del proceso proyectual, aunque estaban centrados particularmente en los atributos visuales y en la optimización de la función del producto. Si durante este período algunos diseñadores utilizaban la investigación de campo, es a partir del año 2000 que el diseño etnográfico "se presenta" como una gestión ineludible del diseño y el acceso al descubrimiento de comportamientos y necesidades inadvertidas, nuevos escenarios y nuevos productos.

Un grupo de antropólogos perteneciente a empresas tecnológicas de Palo Alto, California, emplearon el término "diseño etnográfico" por primera vez en un trabajo publicado en 1999.

Si bien las investigaciones de campo utilizadas en los estudios etnográficos caracterizan la etapa inicial de

12. Rowley, J., cit. por Zuccotti, Paula, en: *Tesis: Etnography Design Management.* Brunel University, Gran Bretaña, 1999, p. 8.

esta nueva disciplina, sus aspectos más relevantes aparecen en los objetivos proyectuales con los que se llevan a cabo dichas investigaciones, y en el uso que hace el diseño etnográfico de la información obtenida a partir de considerar que los productos ya existentes están bajo sospecha. Sospecha de haber sido pensados desde los supuestos de la empresa, del mercado y desde las "intenciones" del diseño. Tales supuestos incluyen categorías que el diseño etnográfico no reconoce, como "el trabajo" y "la casa", y las reemplaza por otros como "la vida cotidiana" como un puente que unifica ambos contextos.

El diseño etnográfico pretende comprender lo que los consumidores hacen, dicen y piensan y no está interesado en preguntarles "qué es lo que desean". En cambio, su meta es descubrir "cómo viven" y "cómo piensan que viven", lo que representa un viraje significativo con respecto a depender de encuestas, relevamientos e informes referidos a lo que ya existe, a cómo mejorarlo o a cómo reemplazarlo. Es difícil para la gente opinar sobre lo que antes debe ser imaginado, ya que esta percepción nace contaminada por los objetos preexistentes.

Cerca de un tercio de los productos que se instalan en el mercado fracasan en la etapa de su lanzamiento; del resto, sólo uno de cada cuatro resulta un producto exitoso[13]. El diseño etnográfico aspira a reducir la probabilidad de estos fracasos. La importancia que los iniciadores de esta disciplina asignan al conocimiento de lo que realmente tiene sentido para la gente, también conlleva el riesgo de que esta eficiencia pueda ser utilizada por el mercado con el fin de optimizar la planificación y el manejo del consumo. Esta eventualidad significa un nuevo desafío para la responsabilidad social de los diseñadores.

---

13. Cooper, R., cit. en Zuccoti, Paula, Ibid.

4.3. Diseño sustentable

Frente al círculo vicioso que se establece entre crecimiento económico y degradación tecnológica, el diseño debería ser de aquí en más sólo "diseño sustentable", si no en su aplicación, que será más lenta que lo deseable, sí en su formulación conceptual y en su encuadre académico. No es posible que la enseñanza del diseño aún distinga el "diseño a secas" del "diseño sustentable", ya que esta diferenciación ha dejado de tener sentido frente al avance descontrolado de la polución ambiental. Somos conscientes de que diseñar solamente lo indispensable en función de la preservación ambiental implica cambios sustanciales en la tecnología, la economía y los comportamientos culturales de la gente, pero no hay muchos argumentos para dilatarlo.

En el proceso del desarrollo sustentable, el diseño enfrenta un conflicto de intereses difícilmente compatibles: por un lado, la necesidad de expansión sucia de la economía de los países centrales y, por el otro, la aspiración de una gran parte de la sociedad mundial a preservar el ambiente y el futuro del planeta. El bajo desarrollo industrial de las regiones periféricas significaría una ventaja con respecto a la implementación de políticas para el control de la contaminación ambiental, pero, por otra parte, la mundialización de las empresas, de la producción y de la comercialización trasladan inexorablemente los intereses y los "trabajos sucios" de los países centrales a los periféricos.

El primer párrafo del artículo 41 de nuestra Constitución Nacional afirma: "Todos los habitantes gozan del derecho a un ambiente sano, equilibrado, apto para el desarrollo humano y para que las actividades productivas satisfagan las necesidades presentes sin comprometer las de las generaciones futuras; y tiene el deber de preservarlo. El daño ambiental generará prioritariamente la obligación de recomponer, según lo establezca la ley". Lamentablemente, este artículo no ha sido aún reglamentado a pesar de la presión que en este sentido vienen realizando las ONG vinculadas con el desarrollo sustentable, tales como la Fundación Ambiente y Recursos Naturales (FARN), la Fundación Vida Silvestre Argentina, *Greenpeace* y la Fundación Ciudad. Tampoco ha sido reglamentada la legislación ambiental sancionada por la Legislatura de la Ciudad de Buenos Aires.

Como resultado de una encuesta realizada por el *Design Council* de Londres y la agencia *IFF Research*, en una muestra de empresas manufactureras de Inglaterra, Francia, Holanda, Alemania y Suecia se detectaron los siguientes resultados:

- El 60% de las empresas europeas afirma que el diseño sustentable representa una oportunidad de posicionamiento en el mercado. Las empresas que opinan que el diseño sustentable implica una amenaza para su desarrollo empresario, la adjudican a sus altos costos de implementación.
- El 87% de las compañías entrevistadas cree que el diseño sustentable ha influido e influye en sus decisiones estratégicas.
- La mayoría de las empresas consideran que el diseño sustentable es una buena inversión para el desarrollo de nuevos productos.
- Las opiniones mayoritarias de todos los países incluidos en este estudio coinciden en que el diseño sustentable se convertirá en un objetivo prioritario en los próximos cinco años.

De todos modos, la experiencia demuestra que la adhesión a la sustentabilidad manifestada por el sector empresario no siempre coincide con las instancias necesarias para su desarrollo concreto. Según la experiencia mencionada, es posible suponer que el procedimiento más idóneo para la instalación del "producto sustentable" en el mercado consistiría en la aplicación de normativas específicas para cada tipología de producto con el objeto de controlar la gestión de compra de las diversas áreas del Estado. En unión con la Agencia Nacional para la Protección del Ambiente (ANPA), de Italia, el profesor Medardo Chiapponi del Politécnico de Milán ha realizado un valioso aporte en este sentido, formulando una "aplicación experimental de instrumentos para la difusión de políticas de compras ambientalmente sostenibles, por parte de los Entes Públicos" *(Green Public Procurement)*[14]. Resulta evidente que si el Estado especifica sustentabilidad en sus compras, una parte importante del mercado se verá obligada a reconvertir la materialización de sus productos.

El Protocolo de Kyoto sigue siendo un proyecto pendiente. En 1997, se estableció que los países altamente desarrollados debían reducir en un 5,2% la emisión de los gases a los que se atribuye la alteración de las temperaturas del planeta, como resultado del incremento del dióxido de carbono (CO_2). En la década del 80, se comprobó un ascenso global de la temperatura entre dos y cinco grados en un período de cincuenta años. Las consecuencias más severas que se han previsto anticipan fenómenos catastróficos como huracanes, inundaciones, sequías, ascenso del nivel de los océanos, maremotos. Algunas de estas previsiones ya han ocurrido.

En octubre de 2004, Rusia manifestó su decisión de ratificar el Protocolo de Kyoto pero las decisiones tomadas en Kyoto están lejos de su plena aplicación, ya que los Estados Unidos no han adherido al tratado, siendo el principal país productor de gases perjudiciales emitidos por su actividad industrial[15].

Los intereses políticos y económicos que obstaculizan la aplicación generalizada del protocolo con el fin

14. Profesores Chiapponi, Medardo y Fieschi, Maurizio. *Criteri di preferibilitá ambientale, Suggerimenti settore Arredi, Complementi, Illuminazione. Agencia Nazionale per la protezione dell'ambiente* (ANPA), 25 de mayo de 2001.

15. La Nación, Buenos Aires, 18 de octubre de 2004, p. 18.

de lograr la adhesión de los países de alto desarrollo industrial, crearon un mercado de compra y venta del derecho a contaminar el ambiente por medio de "proyectos de compensación ecológica", en los cuales es posible participar (a través de los denominados Bonos Verdes) a cambio del visto bueno para polucionar.

4.4. Globalización

La globalización se comporta como un sistema económico cuya premisa consiste en ser eficiente para el primer mundo y restringido convenientemente para los países periféricos, legitimando los subsidios a la producción y las barreras arancelarias sólo si estos mecanismos son utilizados por los países centrales. Dicha premisa incumple sus objetivos, ya que "el comportamiento y la extensión de los mercados, al no estar regulados ni por la política ni por la ética llevan al mundo a una encerrona de la que habrá salida sólo si ocurre una decisiva transformación de las sociedades"[16]. El sistema de la economía global es el sistema de los países centrales, pero los mercados son en gran parte periféricos, tanto para la provisión de materias primas como para el consumo de productos industrializados. Y lo que es bueno para el negocio de los países centrales, no suele serlo para el resto del planeta. Además, resulta letal para la naturaleza, especialmente en las áreas más desarrolladas. La economía globalizada necesitará integrar los sistemas económicos, biológicos y humanos para crear un comercio sustentable. De lo contrario, correrá el peligro de destruir su propio sistema.

Con respecto a los aspectos políticos y culturales, a partir de la desaparición de Rusia como primera potencia, en Europa Central se produjeron fragmentaciones étnicas precisamente en aquellas regiones en las que con anterioridad y a raíz de decisiones políticas

16. Morin, Edgar en: Clarín, 15 de enero de 2003, pp. 16-17.

externas, se habían creado Estados que desde muchos puntos de vista implicaron la globalización forzosa de etnias, religiones y culturas. Si bien estas fragmentaciones no tuvieron un origen directo en la globalización, representan una versión extrema del fenómeno de "diversidad cultural" que persiste a pesar de la homogeneización instalada por la mundialización de las comunicaciones y de la economía.

En la última reunión del Foro de Davos realizada en Nueva York a principios de 2002, quedó críticamente expuesto, una vez más, que la idea de globalidad no constituye una solución para los problemas del mundo, ya que dos tercios de la población mundial están excluidas de las oportunidades provistas por el sistema. El atentado terrorista del 11 de septiembre de 2001 ha tenido lugar precisamente en el núcleo de este mundo globalizado, y seguramente cambiará sus paradigmas y sus reglas de juego.

En lo que al diseño respecta, si la globalización produjo cambios sustanciales tanto en los aspectos económicos como en los socioculturales, el atentado del 11 de septiembre implantó un nuevo protocolo en los comportamientos individuales y colectivos, en las modalidades de uso de los espacios privados y públicos, en la tecnología edilicia y en los atributos icónicos del producto. En 1996, el arquitecto Philip Johnson con una vasta experiencia en el diseño de edificios en altura había anunciado el fin del rascacielos por su excesivo costo y porque "el único sentido que tenía era el de simbolizar el orgullo". Pero el proyecto *Ground Zero* continúa el objetivo del "orgullo" con la excusa del homenaje a los caídos.

En este nuevo escenario, la diversidad cultural seguirá siendo un problema de identidad, tanto global como local, con intereses en su mayoría contradictorios, y, de aquí en más, quizá uno de los problemas más complejos para la gestión del diseño. La significación del producto será un problema tan complejo como la innovación tecnológica.

"La globalización sin la interculturalidad es un OCNI –un objeto cultural no identificado–", afirma García Canclini. Y luego agrega: "Pero hablar de 'objeto cultural no identificado' no significa que los gestores de la globalización y sus analistas no se den cuenta de que existen procesos interculturales, modos diversos de comunicación, ciudades con perfiles distintos y movimientos artísticos divergentes. Pero la estrategia hegemónica de la globalización suele atender sólo a lo que en estos procesos es reductible al mercado. Cuando se considera lo diferente, se le pide que se desidentifique o se descaracterice, no necesariamente que se extinga"[17].

En lo que se refiere a la gestión del diseño, ya se ha instalado la internacionalización del proyecto, de la documentación técnica y de la representación, como módulos independientes para ser ejecutados en los lugares técnicamente habilitados de acuerdo con los respectivos costos de mano de obra. La misma situación se da con la fabricación de componentes del producto, lo que ha motivado, además, el traslado "provisorio" de los centros de producción a aquellas regiones que coyunturalmente ofrecen menores costos industriales.

En este proceso ya se ha iniciado una división del proyecto en dos etapas globalizadas: el Proyecto Imagen y el Proyecto Técnico.

4.5. Discapacidad y crisis demográfica

Tanto la discapacidad como la tercera edad comparten un campo proyectual que hasta pocos años atrás había quedado marginado de los objetivos centrales del diseño y de la planificación del hábitat. En la Argentina, los datos que surgen de la Encuesta Nacional de Personas con Capacidad 2003 revelan que "alrededor del

17. García Canclini, Néstor. *La globalización imaginada*. Paidós, México, 2000, p. 50.

15% de la población sufre algún tipo de discapacidad y que esta cifra se duplicará con el aumento de los índices de pobreza y marginación" [18].

En realidad, la discapacidad no constituye un nuevo problema de diseño, sino un tema que forma parte de la historia de la medicina y de la técnica, pero que en las últimas décadas se ha convertido en un objetivo central del diseño con una inserción cada vez mayor tanto en los proyectos arquitectónicos y urbanísticos, como en los de producto. Al igual que el diseño sustentable, el diseño para la discapacidad es hoy un objetivo inherente a todo proceso proyectual.

Paralelamente con los avances tecnológicos, el concepto de discapacidad ha variado desde su consideración como una patología atribuible sólo al individuo hacia un criterio que la considera como una "limitación que exige modificaciones del medio a utilizar". En términos del proceso de diseño, la discapacidad implica una interfase inadecuada entre el discapacitado y un entorno al cual éste debe tener acceso.

Hoy en día, suele denominarse "diseño total" o "diseño universal" al que ha sido concebido teniendo en cuenta las necesidades de las personas con impedimentos físicos, sensoriales o mentales, ya sea de origen patológico o por envejecimiento. El concepto de incapacidad también incluye la interfase entre los permanentes cambios tecnológicos y un usuario que queda al margen de los mismos por carencia de aprendizaje y requiere, como ya mencionamos, una revisión de objetivos por parte de los diseñadores, ya que muchos de los productos son concebidos a partir de una "hipótesis de conocimientos idóneos" por parte del usuario, lo cual suele constituir una barrera para un uso "universal". Finalmente, conviene señalar que actualmente prevalece el convencimiento de que dada su complejidad,

18. "Discapacidad y barreras culturales" en: La Nación, 26 de mayo de 2003, p. 26.

la problemática de la discapacidad requiere la participación de enfoques disciplinares diversos, "debido en gran parte a la dimensión subjetiva en juego"[19].

Con respecto al diseño, esta dimensión subjetiva está referida especialmente a los resultados del equipo protésico con respecto a la interacción social del usuario.

Las transformaciones demográficas presentan problemas complejos en la interfase del mundo artificial con la gente. En términos cuantitativos, estos cambios están determinados por las tasas de nacimiento, de muerte, de inmigración y de emigración.

En 1994, un estudio del Banco Mundial sobre la crisis demográfica advertía que la población mundial por encima de los sesenta años alcanzaría la cifra de 1400 millones en la primera mitad de este siglo. Esta tendencia demográfica de envejecimiento afectará sin duda los sistemas económicos vigentes, el presupuesto y la distribución de los servicios de salud, la estructura de las metrópolis, las características de la vivienda y consecuentemente muchos de los programas de diseño.

De los 100 millones de incremento anual de la población mundial, casi la totalidad corresponde a los países periféricos, mientras que en Europa se evidencia una declinación de las tasas de nacimiento. Ya constituye una certeza que en los próximos años la mayor parte de la población mundial joven profundizará la emigración desde las áreas rurales hacia las urbanas, lo que tornará aun más crítico el congestionamiento de los servicios, la polución y, por encima de estas dificultades, la degradación y eventualmente la desaparición de las prestaciones socioculturales específicas de la ciudad. Por otra parte, la migración dentro y hacia el exterior de los países (diaria o periódica) se ha incrementado significativamente en las últimas décadas, y el "producto-equipaje-transporte" representa en cierta me-

19. Revista de la Facultad de Psicología de la UBA, septiembre 2001, p. 5.

dida un sistema representativo de este nomadismo cada vez más acentuado, que aún no ha recibido del diseño respuestas suficientes. Quizá sea necesario repensar las ciudades, así como los ámbitos culturales como sitios, simultáneamente de residencia y de viaje.

En resumen, es posible concluir que el envejecimiento creciente de la población y la emigración hacia las áreas urbanas constituyen factores que afectarán, sobre todo, los productos industriales, del equipamiento urbano y del proyecto de los espacios públicos y semipúblicos, fundamentalmente en lo que se refiere a la accesibilidad amigable del producto y en consecuencia, a su lenguaje y a sus valores culturales.

4.6. Biotecnología

La biotecnología y la genética han introducido un nuevo pasaje del *hardware* al *software*, y de éste al *wetware*, que significa precisamente la combinación interactiva –química y mecánica– de la tecnología con el cuerpo. El campo de acción de la biotecnología comprende desde prótesis, transplantes e implantes hasta el diseño de proteínas, de nuevas drogas y de nuevos sistemas de monitoreo. De esta manera, se abre un futuro imprevisible para el tratamiento de patologías que hasta ahora se consideraban crónicas.

Como ocurre con tantas otras aperturas científico-tecnológicas, la biotecnología requiere una hibridación de disciplinas, sobre todo, de la ingeniería, la informática (ordenadores neuronales), la medicina y el diseño. El aporte de este último estará centrado en los campos de la ergonomía, de la miniaturización y de la información operativa del producto.

Si bien es cierto que la integración de la tecnología y del cuerpo –química y mecánica– significarán un gran aporte para la medicina, también es previsible que los individuos deberán asumir una responsabilidad creciente en el monitoreo de su propia salud. Tal es el caso del dispositivo CNET 2000, diseñado para detectar e identificar anormalidades de los latidos cardíacos permitiendo una adecuada prevención y control de las patologías cardiovasculares tanto por parte del paciente como de los especialistas. Tal dispositivo utiliza ordenadores neuronales con el fin de detectar e identificar las anormalidades del ritmo cardíaco mencionadas, y brindar información de rápida lectura de los resultados.

La biotecnología y la tecnología genética ya se han instalado como la base más importante de la industria del futuro. En el campo del diseño de productos médicos destinados a un contacto directo con el cuerpo, la variedad de tamaños, conformaciones y edad de los pacientes ha sido siempre un problema de difícil solución. La tecnología y la informática han permitido soluciones miméticas, adaptables, livianas, y la introducción de funciones sensoriales programables.

4.7. Emergencias

Como mencionamos al referirnos al atentado al *World Trade Center*, la sociedad global ha sido sometida a una situación de emergencia extrema precisamente en la capital del sistema mundializado, y ha quedado demostrado que no todos los procesos y recursos –humanos y materiales– empleados en este caso eran el resultado de una planificación y un diseño apropiados. Recordemos que el gobierno de Estados Unidos estaba formulando la necesidad de contar con un escudo antimisiles que hubiera sido inútil para detener un ataque terrorista realizado por aviones de línea. Evidentemente, resulta difícil planificar un escenario inimaginable. Pero en países subdesarrollados como el nuestro, las emergencias no sólo son fáciles de imaginar sino que, la mayoría de ellas se ha reiterado desde hace décadas con características similares y resultados predecibles. Nos referimos, entre otras, a los anegamientos en la Ciudad de Buenos Aires originados en los arroyos entubados, inundaciones en determinadas regiones rurales y en las poblaciones ubicadas en las costas del Río de la Plata, incendios en reservas naturales, epidemias causadas por deficiencias de infraestructura sanitaria y carencias por distancias excesivas entre asentamientos humanos y centros de salud. Asimismo, es posible señalar graves estados de emergencia en el área de la educación primaria tanto en Buenos Aires como en el interior del país.

Desde hace varias décadas, la cuestión de la vivienda destinada a los sectores que carecen de los recursos mínimos para acceder a ella constituye un problema que si bien no puede ser resuelto al margen de un proyecto urbano y de una política habitacional, configura un tema técnico –de diseño y producción– que aún no ha sido encarado dentro del encuadre interdisciplinario que ofrecen el urbanismo, la arquitectura y el diseño industrial. En el nuevo milenio este problema generará una crisis de extrema gravedad.

En nuestro país –como en muchos otros– la mayor parte de las emergencias tienen un diagnóstico y un programa conocido. Independientemente de los organismos públicos que han demostrado una inercia lamentable para enfrentarlas, las universidades deberían incluir estos temas en su planificación académica.

A modo de ejemplo, consignamos algunos productos a desarrollar para situaciones de emergencia:

- unidades móviles o transportables para atención sanitaria (centros y hospitales)
- unidades móviles para museos y experiencias culturales
- unidades de transporte-vivienda anfibios y autosustentables para zonas inundables
- vehículos para terrenos inaccesibles
- habitáculos de vivienda móviles
- equipamientos de infraestructura sanitaria para asentamientos transitorios
- sistemas para la trazabilidad

Los temas expuestos respecto de los cambios ocurridos durante las últimas décadas y en permanente evolución (discapacidad, escenarios demográficos, biotecnología, sociedad global, sustentabilidad y situaciones de emergencia), han instalado en la agenda del diseño nuevos problemas configurados por procesos, productos y servicios, la mayor parte de los cuales no cuenta aún con un diagnóstico adecuado.

5.
Desfasajes del diseño

En 1973, a raíz de la crisis del petróleo, la economía y la industria se vieron obligados a reformular drásticamente sus paradigmas

La economía descubrió la innovación como factor decisivo del negocio

La tarea del diseñador fue quedando desplazada hacia una responsabilidad cada vez más circunscripta a la de operador de diseño

5. Desfasajes del diseño

5.1. Cambios del contexto

Durante los últimos cien años, el diseño industrial como actividad profesional ha realizado una acelerada evolución desde la tarea individual del artista-artesano de fines del siglo pasado, hasta las realizaciones más representativas de la tecnología contemporánea, incluyendo todas las tipologías de productos: equipos de iluminación, de sonido y televisión, artefactos sanitarios, enseres de cocina y mobiliario en el sector doméstico; objetos de uso personal que van desde afeitadoras hasta lapiceras; vehículos terrestres y aéreos; todo tipo de equipamiento para oficinas desde máquinas de escribir y computadoras hasta sistemas de puestos de trabajo; bienes de capital como máquinas, herramientas y equipamiento para la construcción. A este listado debemos agregar los productos más recientes con múltiples funciones y tecnología microelectrónica –incluyendo la nanotecnología– de aplicación en los campos de la informática, de la medicina, de la inteligencia artificial y de la comunicación[20].

Si bien el mayor grado de evolución del diseño no se ha dado en aquellos países que, como el nuestro,

20. Para una clasificación de esta tipología de productos véase Burdek, Bernhard: *Historia, teoría y práctica del diseño industrial*. Gustavo Gili, Barcelona, 1994, p. 306.

carecen del necesario nivel de desarrollo industrial, sí ha ocurrido no sólo en los Estados Unidos, Europa occidental y Japón, sino también más recientemente en Rusia, en los países del este europeo y en algunos enclaves de Asia. De esta manera, el diseño ha alcanzado un protagonismo indiscutido en el ámbito de la producción y del consumo de los productos industriales, así como una reconocida jerarquía académica a través de su presencia en los centros universitarios más importantes del mundo[21]. Debemos señalar, además, que desde los comienzos de esta actividad a fines del siglo XIX se han realizado importantes aportes referidos a los aspectos conceptuales del diseño, así como a la trascendencia social y cultural de los objetos en la configuración del hábitat[22].

A pesar de la significativa evolución de esta relativamente nueva actividad, en las últimas décadas su desarrollo profesional ha tenido una trayectoria desfasada del proceso de cambios ocurridos en su contexto y especialmente desfasada respecto de los cambios que tuvieron lugar en el área de la empresa, contexto obligado, en la cual se originan y desarrollan los proyectos de diseño. Este desencuentro entre la innovación proyectual y las gestiones necesarias para su concreción no se da sólo en el campo del diseño industrial, sino en casi todas las áreas del diseño y, por otra parte, tanto en los países periféricos como en los hegemónicos. En este sentido, resulta interesante analizar la denuncia que se

21. El diseño industrial ha sido declarado por la UNESCO de interés educativo internacional, a través del respaldo otorgado al Consejo Internacional de Sociedades de Diseño Industrial (ICSID), fundada en Londres en 1957. Esta entidad agrupa a casi un centenar de centros de diseño de otros tantos países y periódicamente realiza congresos internacionales en los que se debate el desarrollo del diseño en todos sus aspectos. Una de las más autorizadas definiciones del diseño industrial forma parte de la Constitución del ICSID adoptada en su primer asamblea general reunida en Estocolmo en 1959. Véase capítulo 8, "Diseño y gestión".

22. Para una mayor información sobre los aspectos teóricos del diseño es posible consultar, entre otros, los siguientes autores incluidos en la bibliografía: Otl Aicher, Roland Barthes, Jean Baudrillard, Gui Bonsiepe, Andrea Branzi, Richard Buchanan, Medardo Chiapponi, Umberto Eco, Tomás Maldonado, Abraham Moles, Víctor Papanek.

ha hecho en diferentes ámbitos académicos y profesionales acerca de este desfasaje entre el profesional del diseño y el nuevo contexto económico-empresario en el que debe llevar a cabo su actividad.

En un artículo publicado en el "Suplemento de Arquitectura" del diario El Cronista Comercial[23] en el que se alude a una reunión de arquitectos realizada en la Universidad de Palermo de Buenos Aires, el entonces decano de esa casa de estudios[24] expresa con respecto a la crisis actual de la profesión y al rol del arquitecto: "Hubo cambios en las reglas del juego y nosotros como matrícula no nos hemos movido con la agilidad suficiente para entenderlos; tampoco ha bajado a la formación que continúa del mismo modo hace muchísimos años. Crisis indicaría un cambio, yo creo que más que eso es un caos, porque estamos detenidos en muchos aspectos, uno de ellos es determinar y enseñar cómo se genera un trabajo, la estrategia de cuáles son los mecanismos para la actuación del arquitecto". Más adelante agrega el arquitecto Leston: "Lo que nosotros no logramos hacer y que otros cuerpos profesionales, sí han hecho, es generar un discurso ideológico que pueda decir hacia afuera qué es lo que podemos hacer los arquitectos, más rápido, más económico y mejor, y sobre todo demostrarlo".

John Thackara, autor de importantes trabajos sobre teoría de diseño, editor de la revista inglesa *Design* y quien dirige actual-

23. "Suplemento de Arquitectura", en: El Cronista Comercial, Buenos Aires, 11 de octubre de 1995.
24. Arquitecto Daniel Silberfaden.

mente el "Instituto de Diseño de Los Países Bajos" con sede en Amsterdam, afirma: "Existe una crisis generalizada del diseño y de la Arquitectura cuyas estructuras profesionales no responden a las tareas a realizar. Por un lado, el futuro potencial para el diseño es el de tener un rol central dentro de los sistemas de innovación del mundo industrializado. Pero, por otro, pienso que existe un serio peligro de que el diseño, particularmente como profesión, con ese nombre, llegue a ser marginado si no se moderniza y se rediseña a sí mismo"[25].

"El problema de esta época desde el punto de vista del producto" –afirma Hiroyuki Yoshikawa, presidente de la Universidad de Tokio– "es que tanto los productos como el sistema de manufactura con los que el diseñador actúa se han rigidizado a tal extremo que no existe sabiduría, educación, empresa o estructura industrial capaz de crear los productos que la gente realmente quiere"[26].

En lo referente a la modalidad y al contexto de la gestión del diseño, resulta interesante lo expresado por Michael Tree –alto funcionario del Consejo Británico de Diseño Industrial– en el trabajo presentado a la Sociedad Real de las Artes en Londres en 1970: "De mi experiencia como responsable del Centro de Diseño de Londres, he podido observar una disminución del interés de nuestros jóvenes visitantes con respecto a muestras de artefactos individuales y un interés creciente en exposiciones que presentan

25. Mitchel, Thomas: *New Thinking in Design*. Van Nostrand Reinhold, New York, 1996.
26. *Design Japan*. Japan Industries Design Promotion Organization, Tokyo, 1993, p. 4.

la interrelación entre distintas habilidades y disciplinas, es decir, un interés en todo aquello que sugiere una suerte de laboratorio social"[27].

En un ensayo titulado *Diseño industrial y la planificación del hábitat* (*Industrial design and living planning*, 1964), el crítico japonés Marzaru Katzumie afirmaba que "así como la arquitectura se expandió para abarcar la planificación urbana y el diseño gráfico se expandió para incluir el diseño corporativo y el lenguaje visual de la comunicación, de la misma manera, el diseño industrial debe extender su campo de acción más allá del producto individual hacia la totalidad del ámbito actual del hábitat".

En febrero de 1999, se realizó en Colonia, Alemania, un concurso de diseño internacional identificado como *In Between*, cuyas bases reclamaban un "nuevo enfoque conceptual" de los problemas actuales por parte del diseño. La idea y las tareas a realizar en *In Between* consistían en la búsqueda de soluciones a mediano y largo plazo para las relaciones del hombre con su hábitat, por medio de nuevos procesos, gestiones y productos.

A principios de 2000, se llevó a cabo en Milán un seminario patrocinado por la Asociación de Diseñadores Industriales de Italia –ADI– y el Instituto Politécnico de Milán. Este encuentro, denominado "Diseñando Diseñadores", convocó alrededor de treinta escuelas de Diseño de todo el mundo y su tema central fue la discusión de las siguientes cuestiones:

27. Tree, Michael: *Soft and hardware changing attitudes to design.* Britain's Council of Industrial Design, Londres, 1970.

> • el nuevo perfil profesional
> • las modificaciones de fondo que deben realizarse en la enseñanza del diseño industrial frente a los cambios del milenio
> • la relación entre la autonomía académica de la universidad y las necesidades del mercado
>
> En uno de sus párrafos, la convocatoria del seminario expresaba: "Las cada vez más precarias relaciones entre los cambios producidos en el mundo de la producción y de la profesión frente a los procesos educativos representan un nuevo problema que de esta manera exige la redefinición de los objetivos pedagógicos y especialmente de los referidos al diseño industrial".

En síntesis, las distintas opiniones y convocatorias mencionadas coinciden en señalar que el diseñador no se adecuó suficientemente a los cambios que condicionan su quehacer; que su campo de acción debe extenderse y que su accionar reclama una nueva modalidad interdisciplinaria y flexible que le permita actuar en la totalidad del contexto en el que se genera el producto.

Las transformaciones que tuvieron lugar en las tres últimas décadas en las tecnologías de producción y en la gestión de la empresa, originaron a su vez cambios sustanciales en el "proceso de decisiones" a través del cual se definen los atributos y las prestaciones de los productos industriales. Podríamos decir que paradójicamente el desfasaje entre el diseñador y la empresa comienza cuando el mercado incorpora la innovación del producto como un paradigma ineludible de la comercialización. De esta manera, al formar parte del negocio la innovación queda en manos de los nuevos agentes de la economía –consultores de logística, de organización y de mercado–. Esta absorción parcial o total, según los casos, de los objetivos estratégicos del producto por los agentes empresarios, fue desplazando la tarea del diseñador hacia una responsabilidad cada vez más circunscripta a la de operador de diseño. Es decir, instrumentando políticas y decisiones formuladas al margen de su intervención, o en las que su participación no siempre tuvo la significación previsible. Y lo que es más importante, el diseñador no consiguió liderar o al menos coordinar las diversas actividades referidas al producto, justamente en el final de una etapa de la historia del diseño en la cual culminaban muchos de los objetivos fundacionales del Movimiento Moderno y, en especial, el de alcanzar el reconocimiento del diseño por parte de la industria y de la empresa como uno de los factores prioritarios de la planificación del producto. Pero lamentablemente, este reconocimiento no respondió a la gestión de los diseñadores, sino a las preocupaciones de la empresa con el fin de manejar las necesidades y la demanda del mercado. Por otra parte, la aparición de los nuevos agentes del sector de la economía dio lugar a un uso abusivo y muchas veces frívolo de la innovación, que en gran parte de los casos quedó reducida a un objetivo de diferenciación y posicionamiento como atributo prioritario del producto.

Un análisis de los cambios que tuvieron lugar a partir de la década del 60 en la tecnología, la producción y la actividad empresaria (por referirnos a los aspectos más directamente relacionados con el producto industrial), nos permitirá obtener una mejor comprensión del desfasaje producido entre el desarrollo tradicional del diseño –que alcanzó niveles de excelencia en el Movimiento Moderno– y su campo de acción actual, cuyos rasgos más significativos son la complejidad, la turbulencia y la incertidumbre de sus tendencias de evolución.

5.2. El escenario anterior

Lo que comúnmente denominamos Revolución Industrial fue en realidad un proceso de cambios tecnológicos, sociales y económicos que, en lo esencial y en el campo tecnocultural, se desarrolló en dos etapas. La primera, tuvo lugar básicamente en Inglaterra durante el siglo XVIII, basada en lo que podríamos denominar el sistema "hierro-vapor-textil" y configuró la transición conflictiva entre la artesanía y la cultura neoclásicas, por un lado, y la máquina y las vanguardias de la modernidad, por el otro. La Exposición Universal de 1851 desarrollada en Londres (incluyendo la arquitectura de su pabellón) representó una síntesis de las contradicciones conceptuales y de los cambios tecnológicos que caracterizaron este primer capítulo de la Revolución Industrial. Así como el proyecto del pabellón instalaba una nueva metodología proyectual (propia de los ingenieros victorianos) en lo referente a la racionalización y estandarización de los componentes constructivos y de su sistema de montaje, al mismo tiempo la mayor parte de los artefactos exhibidos denotaba la dificultad de la máquina para configurar nuevos productos sin recurrir a las soluciones formales propias de la mano de obra artesanal.

La segunda etapa comenzó en 1870 con la gran depresión económica que perduraría a lo largo de dos décadas, y se extendió hasta los años setenta del siglo XX, con un proceso de desarrollo basado, sobre todo, en la metalurgia del acero, la química, la electricidad y el petróleo. Es decir, en lo que sintéticamente se conoce como el "sistema electro-mecánico-químico". Estas tecnologías generativas dieron lugar, a su vez, a aplicaciones tales como aleaciones, plásticos, electromecanismos y turbinas y a productos como el automóvil, la máquina de coser, la radio, la confección textil –en base a las fibras artificiales–, el avión, el radar, la televisión y la computadora. A pesar de que durante los cien años que abarcó esta etapa productiva es posible señalar ciclos que superan significativamente las etapas que los anteceden (en particular el que se inició a partir de la Segunda Guerra Mundial), tanto respecto a los medios técnicos como en la tipología y la configuración de sus productos, podemos afirmar que esta segunda Revolución Industrial implicó un único sistema en lo referente a tecnología y paradigmas de gestión empresaria y de diseño. Tan importante como sus aspectos tecnológicos, han sido las creencias que determinaron su accionar y que en última instancia fueron responsables tanto de sus éxitos iniciales como de su proceso de abrupta decadencia a partir de la crisis del petróleo que en 1973 dio lugar a quince años de regresión económica, cuyos efectos aún perduran.

De manera muy sintética, los postulados que constituyeron el estatuto económico-industrial durante más de medio siglo pueden ser resumidos así:

- Los recursos naturales eran considerados de carácter inagotable y, por lo tanto, no constituían una variable a tener en cuenta en los proyectos de la industria. Aún hoy, en 2006, la economía mundial sigue dependiendo del combustible fósil y no resulta fácil que los países desarrollados acepten políticas tendientes a limitar el uso de los recursos energéticos tradicionales extendiendo las posibilidades de las energías alternativas. El paradigma de "recursos inagotables" ha perdido su fundamentalismo, pero continúa ejerciendo el poder del sistema económico, concentrado en el corto y el mediano plazo.

- La contaminación ambiental era considerada como una consecuencia natural e inevitable del sistema productivo y del progreso tecnológico. El desarrollo sustentable, es decir, compatible con la preservación del medio ambiente, ha sido incluido en todas las agendas de los foros internacionales y aun con mayor intensidad en la opinión pública y en los permanentes reclamos de las organizaciones no gubernamentales. Sin embargo, los progresos en este sentido son lentos. Durante la Cumbre Climática que tuvo lugar en Buenos Aires en diciembre de 2004, los Estados Unidos, que emiten el 25% del total de gases de efecto invernadero, manifestaron que no reconsiderarán la negativa a someterse al Protocolo de Kyoto antes del año 2012. Un recurso viable para instalar paulatinamente una normativa de control y selección de procesos de producción sustentables, consiste en la utilización de la enorme capacidad de compra de las administraciones estatales, tal como se ha comenzado a estudiar en algunos países europeos.

• Como consecuencia de lo anterior, el progreso tecnológico estaba concebido como un proceso ininterrumpido, éticamente legitimado y considerado además como un objetivo consensuado entre la producción y el mercado. Dentro del marco de esta hipótesis, la economía configuraba naturalmente un desarrollo de crecimiento lineal y permanente, con reservas energéticas inagotables y un mercado de consumo con un comportamiento sumiso y previsible.

• Por otra parte, este crecimiento económico implicaba un proceso concebido en función del capital y del trabajo, en el cual el conocimiento, la inteligencia y la innovación estaban centradas, sobre todo, en la organización y en la logística productiva, en la capacidad de inversión en equipamiento fabril y en la utilización eficiente de la mano de obra a través de la fragmentación del trabajo en tareas cada vez más especializadas.

• La planificación de la eficiencia industrial estaba concebida en función del tamaño de la unidad productiva. Este principio denominado economía de escala, dio lugar en los años sesenta a establecimientos como el complejo químico de la Basf de Alemania, que llegó a tener una dotación de 120.000 personas. Megaindustrias similares se levantaron en Pittsburgh, Detroit, Osaka y en varias regiones de Francia. Tal criterio de concentración productiva generó crisis debido a sus elevados costos, pero, sobre todo, por el agotamiento de su desarrollo tecnológico y por la rigidez de su estructura para adecuarse a los cambios producidos en los recursos energéticos y en los mercados de consumo.

• La demanda de la industria quedaba definida como un mercado pasivo, conformado por productos estandarizados sin exigencias importantes de cambios en las prestaciones de uso, de tecnología, de apariencia y de precio. Dentro de la concepción de la demanda industrial como un mercado pasivo y previsible, la tipología de los productos se mantenía, por lo general, con pocas modificaciones y, por lo tanto, los cambios introducidos estaban restringidos a los programas de diseño existentes en los cuales la estandarización y la regularidad constituían objetivos legitimados por los postulados del Movimiento Moderno, cuya propuesta ideológica fue sintetizada por Dieter Rams en la tan citada frase: “menos diseño es más diseño”.

5.3. Los cambios de la década del 70

En octubre de 1973, y a pocos días de iniciarse la guerra árabe-israelí del Yom Kipur, la Organización de Países Árabes Exportadores de Petróleo –OPEP– aumentó unilateralmente el precio de este combustible. Luego, los Estados Árabes dispusieron un embargo gradual en las exportaciones y como resultado el precio del barril excedió su récord histórico al pasar de 2 dólares a más de 40, con lo que el Primer Mundo sufrió su mayor recesión desde la gran depresión de la década del 30. El abrupto estancamiento de la economía precipitó, a su vez, el fracaso de los factores del crecimiento basados en los postulados preexistentes más arriba mencionados, dando lugar a la apertura de la tercera revolución tecnológica a través de la microelectrónica, la biotecnología, la inteligencia artificial, la robótica, las energías sustitutivas (eólica, geotérmica, solar, mareo-motriz, la tecnología de la luz-láser y fibra óptica) y el desarrollo de nuevos materiales sintéticos. Como resultado de ello, se fueron produciendo cambios fundamentales tanto en los paradigmas como en el curso de acción de la economía y de la industria, conformándose un nuevo proceso –la globalización–, cuyas consecuencias a mediano y a largo plazo son cada vez más difíciles de prever a partir de la situación mundial imperante en los primeros años del siglo XXI.

Esta crisis en la economía occidental fue fundamentalmente atribuida, según mencionamos, al aumento desproporcionado del precio del petróleo y a su repercusión sobre la inflación, la caída del consumo y de las tasas de inversión. Sin embargo, estos efectos se originaron a partir de los bajos resultados de la productividad industrial y de los escasos esfuerzos realizados en investigación y desarrollo, teniendo en cuenta que las tecnologías genéricas que habían servido de sustento a la sociedad desde principios de siglo habían alcanzado sus límites de rendimiento[28].

---

28. Ait-El-Hadj, Smail: *Gestión de la tecnología. La empresa ante la mutación tecnológica.* Ediciones Gestión 2000, Barcelona, 1990, p. 63.

• La tecnología

La metalurgia, la química y la electricidad cedieron su protagonismo a las nuevas tecnologías y el "desarrollo programado y previsible" característico del escenario anterior fue reemplazado por un proceso turbulento, y por un cambio ininterrumpido de prácticamente todas las variables involucradas, es decir, por un campo de acción regido en gran medida por la incertidumbre. El "saber" que en la etapa anterior había sido aplicado con éxito a las herramientas y a los productos, pasó a ser prioritario en la profundización del conocimiento mismo (en el sentido de aprender la adecuada aplicación del saber) produciendo importantes consecuencias en el comportamiento de la sociedad, que de esta manera se torna más exigente respecto de su relación con los servicios y con los productos.

Con respecto a la energía, la concientización creciente sobre la preservación ambiental y el límite alcanzado por las tecnologías monoenergéticas, determinaron la preeminencia de las energías alternativas y renovables. No obstante, el verdadero motor de esta etapa de desarrollo fue y sigue siendo la información, por encima de la materia y de la energía.

• La industria

En un período temporal muy acotado, los objetivos de concentración industrial debieron enfrentar la necesidad de una producción diversificada, flexible y, por lo tanto, susceptible de ser permanentemente actualizada, no sólo en servicios o atributos puntuales, sino también en la tipología misma del producto que debió incorporar los cambios impuestos por la informática y la microelectrónica.

Así, el poder de la información radicado en el archivo de datos de la fábrica se fue trasladando al área de la comercialización, a través del supermercado y del código de barras, que suministraban toda la información necesaria para el conocimiento del mercado, de su composición y de sus preferencias.

Como consecuencia de ello, la relación "fábrica-consumidor pasivo" se convirtió en el binomio "comercialización-cliente activo", debido a la diversificación y personalización de un consumo que además comenzó a requerir nuevos servicios en respuesta a sus necesidades de información, de bienestar y de ocio.

En el campo industrial, la globalización instaló un sistema productivo diversificando la fabricación del producto en función de los costos de mano de obra correspondientes a cada componente y, al mismo tiempo, fueron creados enclaves de saber tecnológico, que cada vez alcanzan una mayor participación en este proceso de industrialización virtual.

• La economía y la empresa

Como ya mencionamos, a comienzos de la década del 70, la economía descubrió la innovación como uno de los factores fundamentales del negocio. Lo que hasta ese momento constituía un objetivo proyectual rigurosamente conceptualizado y dosificado por los diseñadores y un servicio profesional rara vez solicitado por la industria, se convirtió en poco tiempo en un paradigma de la gestión de la empresa. Paradigma cuyo único propósito no consistió en modificar y mejorar la competitividad y los atributos del producto, sino en actuar como un agente movilizador interno con el fin de aumentar la cohesión y la agilidad de la gestión empresaria y, en consecuencia, la capacidad de la organización para adaptarse al nuevo contexto de cambios e incertidumbre.

El concepto de innovación es por otra parte reciente, tanto que es posible citar su aparición alrededor de los años setenta. Se trata de un término elaborado en los años treinta en el campo de la economía por el economista austríaco Joseph Schumpeter, para dar una explicación a la sucesión de crisis ocurridas cada cincuenta años y que, según el autor, se originaron como resultado del estancamiento de la innovación[29].

Recordemos lo ya expresado en un capítulo anterior: Joseph Schumpeter definía la innovación como "la ejecución de combinaciones nuevas". De esta manera, concebía el carácter definitorio de la innovación como la integración interactiva entre la tecnología, la economía, la creatividad y las necesidades y deseos de la gente, vinculando así todos los factores relacionados con el producto, más allá del diseño.

Desde el punto de vista de la tecnología, Smail Ait-El-Hadj afirma: "La innovación constituye la primera respuesta conceptual activa a la mutación tecnológica y a las situaciones turbulentas y de crisis que la han acompañado"[30].

Es evidente que el concepto de innovación se ha desprendido del ámbito específico del diseño, y ha pasado a formar parte de dos sectores significativos de su contexto: la empresa y la tecnología. Difícilmente los objetivos de la innovación empresaria y tecnológica coincidan con los específicos del diseño, razón que aumenta aún más el desfasaje que se ha ido produciendo entre el diseño y el ámbito en el cual debe actuar. Como

29. Ibid., p. 136.
30. Ibid., p. 135.

resultado de lo expresado en relación con las necesidades de una rápida adaptación de la empresa a los cambios de su entorno, el gerenciamiento se ha orientado fundamentalmente hacia el mercado, en contraposición a la gestión anterior en que estaba concentrado en el producto como objetivo central del proceso empresario y de la producción estandarizada. Por ello, los programas de diseño requeridos actualmente por la empresa están formulados de acuerdo con un contexto que abarque los comportamientos diferenciados del mercado, la incidencia de la globalización y las tendencias de evolución. Es decir, un contexto de extensión sensiblemente mayor y de complejidad creciente. Por otro lado, la innovación como parte del negocio no está referida sólo al diseño, sino que además incluye aspectos de comunicación, marcas y modalidades alternativas de producción y de comercialización, con lo cual el diseño del producto se convierte en la mayoría de los casos en la planificación de un proceso sintético que incluye todos los aspectos materiales e inmateriales mencionados. Asimismo, el inevitable desarrollo tecnológico y el consecuente estado de cambio en todos los aspectos del producto, exigen un sistema de gerenciamiento flexible y una organización que otorgue una atención preferencial a la conformación de recursos humanos adaptables tanto a las mutaciones operativas como a las tareas interdisciplinarias.

La empresa, estatal o privada, está cada vez más sujeta a las presiones de la opinión pública en la mayor parte de sus decisiones. Esta circunstancia ha incidido, sin duda, en el replanteo de su responsabilidad social con respecto a temas como la ecología, el hábitat, la tercera edad, la discapacidad, el ocio, que han pasado a incrementar la demanda de servicios y productos y, por lo tanto, a configurar nuevos problemas de diseño, que paulatinamente se han ido incorporando al mercado empresario siempre en la medida de su rentabilidad potencial.

5.4. Globalización y producto

Retomemos lo dicho en el capítulo anterior acerca de la globalización de la economía para señalar algunos aspectos específicos que se refieren al diseño del producto en el marco de dicho proceso:

- La internacionalización de la oferta comercial en lo que concierne a tipología, diseño, marca y precio de los productos, por lo general mediante la presentación prácticamente simultánea de los mismos en todo el mundo. Si bien este proceso existió en los países hegemónicos con anterioridad al actual estado de la globalización, en los países periféricos se producía con diferencias temporales de meses o de años según los casos. Por lo tanto, resultaba posible una mayor previsión con respecto a las tendencias de evolución de los mercados locales, a diferencia de lo que sucede en nuestros días, en que estas tendencias locales son el resultado inmediato de las decisiones tomadas en los mercados centrales: Europa, los Estados Unidos, Japón y China.
- La fragmentación de la oferta de productos en los centros hegemónicos con el fin de crear nichos de mercado y, de esta manera, diversificar y aumentar la demanda comercial en base a la diferenciación de los atributos materiales e inmateriales del objeto industrial. Por otra parte, esta fragmentación se traslada con escasas adaptaciones de los mercados hegemónicos a los periféricos, con la consecuente homogeneización de los productos que integran cada uno de los segmentos del mercado globalizado. Esta homogeneización transnacional del producto se ha realizado con mayor éxito en:

· Aquellos rubros que no están entroncados con hábitos culturales tradicionales.
· Los productos que no forman parte de problemas socioeconómicos locales y que, por lo general, no constituyen un negocio rentable para la economía globalizada.

Como resultado final, esta colonización cultural ha ido instalando modalidades de comercialización, hábitos de consumo, ceremonias sociales y nuevos paradigmas éticos y estéticos.

- Directamente relacionado con el proceso de mundialización del producto, se da una preeminencia de las marcas internacionales sobre las nacionales, y de los diseños de autor provenientes del circuito hegemónico, sobre los diseños locales, provocando una polarización de la actividad creativa del diseño hacia las sedes internacionales de las empresas madres y un vaciamiento de dicha gestión profesional en los mercados intermedios.
- Junto con las marcas actúan los proyectos de comunicación de producto y de imagen corporativa, que de alguna manera acotan la gestión de los medios profesionales que operan en los mercados locales.

De lo dicho con respecto a este megaproceso se desprenden conclusiones poco alentadoras para el desarrollo y el crecimiento de las economías periféricas, y aun de algunos países que forman parte de la Unión Europea. Pero dado que constituye una realidad económica y política prácticamente ineludible, debemos aceptar que forma parte del escenario del proyecto y por ende constituye una variable importante y crítica de todos los problemas de diseño.

En lo que respecta a las empresas medianas y pequeñas, éstas tendrán que enfrentar, como de hecho está sucediendo, las alternativas de fusionarse, asociarse o eventualmente ser compradas por una multinacional.

Sin lugar a dudas y salvo excepciones, los únicos problemas que serán solucionados por los profesionales locales serán los que presentan una complejidad social, económica y cultural propia de un determinado país, región o ciudad, ya que los productos internacionalizados, que podríamos denominar migratorios, seguirán siendo diseñados en los centros del poder económico por sus propios profesionales o por los "periféricos" que decidan emigrar y logren insertarse en dichos ámbitos de decisión.

> Alain Touraine, investigador senior del Instituto de Estudios Superiores de París, expresa: "Gran parte de nuestras dificultades y de la crisis en que están sumidos muchos países, sobre todo en Europa y en América Latina, se debe a que confundimos dos procesos o dos etapas de nuestra vida económica y social que debemos separar e incluso oponer: la adaptación a una economía mundial y el desarrollo o, más sencillamente el crecimiento. En muchos países de Europa, y probablemente en Francia más que en otros, la crisis se debe a que no conseguimos salir de la economía dirigida ni construir un nuevo modo de control social de una economía mundializada" [31].
>
> Michel Camdessus, director gerente del Fondo Monetario Internacional hasta febrero de 2002, sostiene que "la manera en la cual la economía de mercado se ha instalado en las

---

31. Alain Touraine, *La globalización como ideología*, en: La Nación, 22 de octubre de 1996.

ex economías planificadas o en los países en desarrollo que están llevando a cabo un proceso de reformas nos recuerda lo peor del capitalismo salvaje del siglo XIX. Se pisotean los derechos individuales y los de los trabajadores. Cunde la corrupción y la violencia. Se exportan fábricas altamente contaminantes sin ningún miramiento con el medio ambiente y la salud pública. Aún allí donde la opinión pública en general favorece la integración a escala mundial, existe la preocupación de que los ricos se estén enriqueciendo y los pobres empobreciendo"[32]. Independientemente de los reparos que nos merezcan los intereses que representa Camdessus, sus reflexiones son verificables en el caso de nuestro país y de la mayoría de las regiones periféricas.

Uno de los postulados fundacionales de la economía de mercado y del "libre comercio" sostenía que a medida que aumenta la participación del comercio exterior en el producto bruto interno –PBI– sube el índice de crecimiento de la economía. La apertura de los mercados en esta teoría, no hace distinciones entre las importaciones y las exportaciones ni hace referencia al valor agregado de las mismas. El economista Ravi Batra rebate esta hipótesis en términos generales, pero en el caso particular de la Argentina afirma (tomando como fuente el *International Statistics Yearbook, 1985 and 1992,* Washington, D.C. Fondo Monetario Internacional): "Lo que la experiencia argentina muestra es que

32. Corbiere, Emilio: *El fetichismo de la globalización*. Publicación del Instituto de Ciencias Políticas y Sociales, en: Página 12, agosto de 1996.

estos pronunciados aumentos en el volumen del comercio exterior estaban asociados con una abrupta disminución en el crecimiento del PBI, mientras que la fuerte contracción del comercio condujo a un gran salto en el crecimiento. En otras palabras, el comercio exterior, en líneas generales, ha sido nocivo para la Argentina". En esta conclusión de Batra, el comercio exterior en términos del FMI es la suma de importaciones y exportaciones y no la balanza de pagos. "Por lo tanto" –afirma el autor– "es evidente que el comercio exterior perjudica a las naciones que son importadoras de manufacturas, es decir las que importan más bienes industriales de los que exportan".

Argentina, en la década del 90, sostuvo la política del libre comercio y sufrió un proceso de desindustrialización que en 2006 no ha sido superado.

Con respecto al diseño las consecuencias resultan obvias. El diseño sin industria tiende a ser una actividad artística

Joseph Stiglitz, premio Nobel de Economía en 2001, en su libro *El malestar de la globalización*[33], afirma: "Si la globalización sigue siendo conducida como hasta ahora" (se refiere a 2003) "si continuamos sin aprender de nuestros errores, la globalización no sólo fracasará en la promoción del desarrollo, sino que seguirá generando pobreza e inestabilidad. Si no hay reformas la reacción que ya ha comenzado se extenderá y el malestar ante la globalización aumentará. Ello

33. Stiglitz, Joseph E.: *El malestar de la globalización*. Editorial Taurus, Buenos Aires, 2003, p. 343.

sería una tragedia para todos y especialmente para los miles de millones que podrían resultar beneficiados en otras circunstancias. Aunque económicamente el que más perderá será el mundo en desarrollo, habrá ramificaciones políticas más amplias que afectarán también el mundo desarrollado".

6.
El contexto como sistema

La concepción del contexto como sistema es indispensable para el pensamiento estratégico del diseño, ya que permite incluir aspectos y puntos de vista que pueden llegar a tener una incidencia muy significativa en el desarrollo del mismo

La integración de los factores del proyecto se ha venido realizando sobre un entorno demasiado próximo al producto mismo.
Y la empresa ha ocupado el espacio poyectual restante

Un solo aspecto del contexto vinculado con el tema a resolver que no haya sido debidamente considerado, puede significar el fracaso del proyecto

6. El contexto como sistema

6.1. Concepto de sistema

La concepción del contexto como sistema es indispensable para el pensamiento estratégico del diseño, ya que permite relacionar el tema a resolver con aspectos y puntos de vista que si bien no están vinculados directamente con el proyecto, pueden incidir de manera significativa en el desarrollo del mismo. Es decir, todo producto forma parte de un sistema y, como tal, comparte todas o algunas de las propiedades técnicas, funcionales o de significación con los componentes de dicho sistema. De esta manera, un producto puede ser considerado como parte de un sistema de artefactos de tipología similar y, al mismo tiempo, como parte de un sistema –o subsistema– del que sólo comparte una o más de las propiedades mencionadas.

Recordemos que el sistema puede ser definido como el conjunto de componentes interactivos en el cual la modificación de uno de ellos implica cambios en el resto de los integrantes y en el sistema mismo. Los objetos del "sistema de comer" –cubiertos, vajilla, mantelería, mesas, asientos, etc.– integran un mismo sistema en lo referente a uso y significación. Pero cada uno de ellos forma parte de un sistema tecnológico diferente: textil, del plástico, metalúrgico, de la industria

Sistema de comer: 3 posibles subsistemas

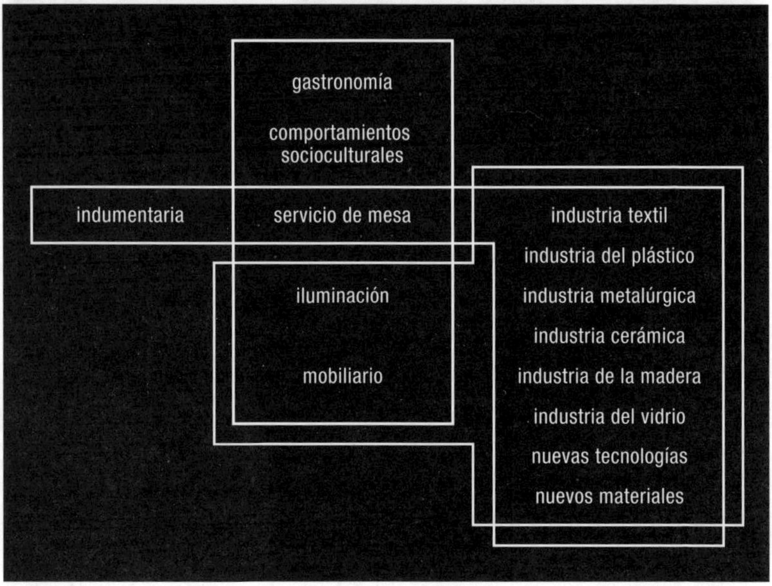

cerámica, de la madera, del vidrio. Por otra parte, el sistema de comer se vincula con el sistema más abarcador del hábitat: mobiliario, iluminación, comportamientos socioculturales, gastronomía y con el subsistema de productos como la indumentaria y el servicio de mesa. El pasaje hacia ámbitos sistémicos más genéricos facilita la conceptualización del tema a resolver: el ámbito del automóvil y el del ferrocarril integran el sistema de transporte terrestre que en una instancia de mayor abstracción podemos denominar "sistema de movilidad", estimulando así la reflexión sobre nuevas formas de desplazamiento.

No cabe duda de que una de las decisiones más difíciles de tomar en este proceso en el que se incorporan nuevos sistemas, es la de limitar la extensión del contexto con respecto a las exigencias del tema a resolver. Es decir, hasta dónde llegará la consideración de situaciones relacionadas con el tema del proyecto, cómo captar la intensidad de los efectos que provienen desde las zonas más alejadas del contexto y de qué manera evaluar la incidencia de la interacción posible. Todos los aspectos están vinculados entre sí, pero el tiempo de los proyectos es acotado y habrá que definir los límites. Esta definición de los límites del contexto es el arranque de la estrategia de diseño. Y es una decisión que requiere análisis y experiencia.

Estas reflexiones pretenden estimular la ampliación sistémica del contexto a considerar y, al mismo tiempo, advertir sobre las múltiples posibilidades de interacción entre los ámbitos relacionados de alguna manera con el tema de diseño.

El universo artificial en su interfase con los humanos constituye una red policéntrica –según la define Andrea Branzi– de sistemas aparentemente contrapuestos, como los siguientes:

- usos individuales/usos colectivos
- usos de subsistencia/usos culturales
- consumos regulares/consumos puntuales
- grandes series/pequeñas series
- productos sustentables/productos contaminantes
- productos masivos/productos únicos
- productos artesanales/productos industrializados
- productos descartables/productos retenibles
- tecnologías de punta/tecnologías arcaicas
- significaciones colectivas/significaciones grupales
- significaciones locales/significaciones globalizadas
- significaciones regionales/significaciones urbanas
- productos reclamados por la sociedad/productos inducidos por el mercado
- valores colectivos/valores comerciales

Estos pares de sistemas –aparentemente contrapuestos como dijimos– estimulan la observación de nuevos puntos de vista relacionados con el tema a resolver en función de las diversas finalidades de cada sistema.

Un aporte de gran utilidad para la comprensión del enfoque sistémico es el análisis que Edgar Morin realiza de los tres criterios con los que suele definirse el concepto de sistema: uno positivo y dos negativos. El positivo consiste en el planteo de un nivel interdisciplinario que permite concebir, al mismo tiempo, tanto la unidad como la diferenciación y la totalidad de los fenómenos de asociación, de organización y de conflicto entre los componentes de un sistema. Uno de los criterios negativos considera el sistemismo como un conjunto de verdades preexistentes conformando de esta manera un enfoque holístico que nunca llega a ser operante. El segundo criterio negativo es aquel que transforma el sistemismo en su contrario, es decir, en operaciones reduccionistas y simplificantes[34].

Si, por ejemplo, analizamos un sistema complejo como el de "equipamiento mobiliario de la empresa", podemos citar algunas de las verdades a priori que conformaron durante más de una década el encuadre holístico antes mencionado:

- Como consecuencia del procesamiento digital de la información, la nueva modalidad de trabajo empresario implicará el fin de la era del papel.

  Tanto el fax como la impresión de *e-mails* han aumentado considerablemente las áreas destinadas al archivo del papel.

- La existencia de una red informática producirá la descentralización del trabajo de oficina, ya que el mismo podrá ser realizado desde la propia casa.

  Esta predicción sólo se cumplió parcialmente debido a la preferencia cada vez más acentuada por el intercambio social que ofrece el ámbito del trabajo.

- La tecnología del equipamiento de la empresa tendrá un proceso de evolución directamente

34. Morin, Edgar: *Introducción al Pensamiento Complejo*, Gedisa, Barcelona, 1997, p. 41.

relacionado con la evolución de la tecnología informática.

En los años setenta, se discutió si la fabricación y comercialización de este rubro quedarían localizados en el área de la computación o del mueble justamente por el paralelismo mencionado. Si bien el amueblamiento incorporó las exigencias informáticas (especialmente en lo referente al acceso y distribución del cableado), su evolución tecnológica permaneció en el sector del mobiliario y no presentó cambios significativos en sus materiales ni en la ingeniería de producto. Por otra parte, su evolución dependió fundamentalmente de los cambios producidos en las modalidades operativas del trabajo, como resultados de la gestión digitalizada.

Si, por otra parte, queremos ejemplificar un concepto reduccionista referido al mismo sistema, es posible mencionar el que lo define como:

- Un sistema de mobiliario que permite obtener espacios de trabajo individuales (operativos y direccionales) optimizando el uso del espacio colectivo con la flexibilidad necesaria para:
  - obtener módulos con la máxima privacidad operativa y acústica compatible con un espacio general compartido
  - permitir diversas alternativas de configuración de los módulos
  - facilitar el armado y reutilización de los elementos
  - incorporar los cambios de la tecnología informática

Es evidente que la descripción es correcta pero "excesivamente simplificada", ya que sólo describe los objetivos logísticos y mecánicos del sistema sin considerar aspectos ambiguos y a veces contradictorios como los siguientes:

- Los límites entre las tareas operativas y las direccionales son cambiantes y difusos, dado que en ambos casos se presenta la necesidad del trabajo en equipo que implica configuraciones y dimensiones muchas veces similares del espacio de trabajo.
- Las posibilidades de modificación de los componentes del sistema con el fin de obtener diversas configuraciones (*lay-outs*) de los puestos de trabajo son superadas en muchos casos por la necesidad de cambios coyunturales de un uso compartido, que requieren componentes móviles vinculados entre sí por simple contacto (comúnmente llamados nómades) y trasladables manualmente. Es decir que la interdependencia mecánica de los componentes (característica básica inicial de estos sistemas de módulos estáticos) tiende a ser reemplazada –parcial o totalmente– por elementos autoportantes y autónomos.
- El uso de tabiques extendidos en altura por razones acústicas debe ceder ante la preferencia por pantallas bajas que posibilitan una mejor conexión global representativa del trabajo en equipo.
- La utilización creciente de pisos técnicos descargará al mueble de gran parte de su tecnología para alojar el cableado. Es decir, una evolución transferida a otro de los subsistemas del sistema.
- El sistema del equipamiento de la empresa está vinculado además a:
    - las modalidades operativas del trabajo
    - la duración y la flexibilidad de los horarios de trabajo
    - la dinámica del producto o del servicio
    - la cultura corporativa y la política de comunicación

Con respecto a las modalidades del trabajo, el costo del metro cuadrado de oficina ha incidido en la utilización de puestos de trabajo colectivos (no individualizados) como una solución para obtener la utilización más eficiente del espacio.

6.2. Contexto y producto

El ejemplo que acabamos de exponer sólo pretende presentar una manera sistémica de analizar un problema de diseño. Los componentes del sistema suelen tener, como ya vimos, comportamientos contradictorios e imprecisos debido a la interacción e interferencia de sus componentes tanto dentro de un mismo sistema, como en la interfase con otros sistemas económicos, tecnológicos, sociales y culturales.

Por lo general la descripción de un sistema que no incluya ambigüedades, contradicciones y alternativas de comportamiento es incompleta.

La interfase fue designada así por Herbert Simon en su libro *Las ciencias de lo artificial* y explicada de la siguiente manera: "Un artefacto puede ser pensado como un punto de encuentro –una interfase en términos actuales– entre un entorno interno (la substancia y la organización específicas del artefacto) y un entorno externo (el campo en el cual opera el artefacto). Si el entorno interno es apropiado al entorno externo, o viceversa, el artefacto alcanzará su pretendido objetivo"[35].

La adecuación o interfase entre el producto y su contexto de aplicación, antes descripto, constituye también una exigencia permanente para las relaciones entre el produc-

35. Simon, Herbert Alexander: *The sciences of the artificial*. Cambridge, Massachusetts, MIT Press, Londres, 1969, p. 9.

to y la empresa, la empresa y el mercado y entre este y la sociedad.

Es oportuno señalar que un solo aspecto del contexto vinculado con el tema a resolver que no haya sido considerado adecuadamente en la interfase, puede significar el fracaso del proyecto.

El Dr. Federico Butera, profesor del Instituto Politécnico de Milán y experto internacional en energías renovables, ha publicado un volumen[36] en el que analiza los fracasos en la transferencia de tecnología a los países en desarrollo. Estos proyectos, realizados por organismos como la CEE o la ONU, son un claro ejemplo de la importancia de una adecuada interfase entre la solución propuesta y la totalidad del contexto que la recibe. Hemos seleccionado uno de los relatos del libro de Butera titulado *La bomba y el matrimonio,* que el autor considera como un ejemplo representativo de los errores que puede producir el enfoque especializado y asistémico de un problema.

"El agua se encuentra algunos kilómetros alejada de la aldea y las mujeres con los niños colgados en la espalda y en la cabeza un recipiente lleno de ropa o enseres, cada día hacen el recorrido a pie. Se las encuentra continuamente a lo largo de los senderos del Sahe, en fila india o en grupos, no se sabe de dónde vienen o adónde se están dirigiendo. Pero se cuentan historias y ríen; te sonríen también cuando las cruzas o las superas con tu potente Land Rover o Toyota con insignias.

36. Butera, Federico: *Fuentes energéticas renovables en los países en vías de desarrollo*. OF MI Impresores, La Paz, 1990.

Un país donante decide instalar una bomba solar en una de estas aldeas. Es un proyecto demostrativo importante, porque muchísimas son las aldeas con las mismas características. Las mujeres, finalmente, serán eximidas del terrible recorrido diario.

Se excava un pozo en el centro de la población, y se instala la bomba; esta es verificada y funciona muy bien. Gran alegría entre la gente y gran fiesta la noche antes de la despedida de los técnicos que la han instalado. 'Volveremos', dicen.

Y regresaron después de aproximadamente un año. La bomba está desactivada. Funcionaría, pero está desactivada. Las mujeres realizan todavía su recorrido cotidiano al pozo de agua. 'Han sido ellas quienes no quisieron utilizar más la bomba', dice el jefe de la Aldea justificándose. 'Sabe, las mujeres...' dice con aire de complicidad masculina, aludiendo a algo totalmente incomprensible para los técnicos europeos. Luego de algún tiempo el misterio es finalmente aclarado. Las reglas sociales de la comunidad imponían que los encuentros entre las muchachas en edad de casarse y los potenciales prometidos se verificase sólo y únicamente fuera de la aldea, a lo largo del sendero que va hacia el pozo de agua, 'casualmente' y bajo el ojo vigilante y comprensivo de las madres y de las hermanas mayores. En estas condiciones hay poco que escoger: o la bomba o el matrimonio."

Otro ejemplo ilustrativo de la relación producto-contexto es el de la prefabricación pesada europea. Estos sistemas estaban integrados por módulos de gran tamaño y peso, que admitían un transporte económico dentro de radios máximos que en Europa cubrían adecuadamente la distancia (aproximadamente 70 km) entre la fábrica y los obradores en los cuales debía realizarse la construcción. Cuando estos sistemas fueron importados a nuestro país en los años 1960-1970, fracasaron en gran medida porque las distancias locales excedían en mucho las previstas originariamente convirtiéndolos en antieconómicos por el excesivo costo de transporte. Por otra parte, la financiación de la vivienda en Europa cubría varias décadas y en algunos países como Suecia la extensión de los plazos estaba indeterminada, mientras que la política habitacional argentina era prácticamente inexistente. A pesar de estas diferencias evidentes entre ambos ámbitos de aplicación de un mismo producto, muchos empresarios argentinos no las advirtieron y tomaron una decisión equivocada.

6.3. Sistema de producto

Esta denominación es aplicable al sistema integrado por:

- el producto
- la empresa (productos de la empresa ya existentes, identidad corporativa, marcas, estrategia comercial)
- el mercado (productos similares: prestaciones tecnológicas y de uso, valores de significación, precios)

El mercado a su vez es un subsistema de la sociedad. Según afirma Medardo Chiapponi, el mercado da lugar a "necesidades requeridas"[37] las cuales son expresadas en términos cuantitativos y tienen una relevancia económica en cuanto se transforman fácilmente en "deman-

37. Chiapponi, Medardo: *Cultura social del producto*. Ediciones Infinito, Buenos Aires, 1999, p. 63.

das" a las cuales asociar "ofertas" y un determinado poder adquisitivo. Por otra parte, en la sociedad se originan necesidades que no siempre se vinculan a un determinado producto, pero que posteriormente pueden configurar nuevas "demandas".

El sistema "producto/empresa/mercado" constituye el programa de diseño. Lo analizado en párrafos anteriores con respecto a la consideración de otros sistemas con los cuales el producto pueda estar vinculado, es un proceso necesario por su aporte de nuevas maneras de comprensión del tema en cuestión, pero la omisión de concebir el programa de diseño como sistema "producto/empresa/mercado" implica serias posibilidades de que el proyecto fracase. El producto es parte de la empresa, la empresa integra el mercado.

Con el fin de precisar lo expuesto, detallaremos los componentes del sistema "producto/empresa/mercado" a partir del cual el diseñador debe comenzar su tarea.

- Programa del producto a diseñar: prestaciones específicas (materiales e inmateriales). Tradicionalmente suministrado por la empresa, actualmente tiende a ser reformulado por el diseñador. El programa actúa a lo largo del proceso de diseño como una descripción pormenorizada y actualizable de los resultados a obtener en el producto.
- Objetivos estratégicos de la empresa:
  - la política de preservación ambiental
  - los objetivos de servicios incluidos en la comercialización
  - los objetivos de innovación tecnológica y cultural
  - el posicionamiento en los mercados (locales, regionales e internacionales)
- Política de diseño de la empresa:
  - gestión de diseño: posición del diseño en el organigrama de la empresa, tercerización

de tareas, aspectos cuantitativos y cualitativos del área
· parámetros de calidad y resolución tecnológica
· gestión de la producción

• Sistema de decisiones sobre el producto: si el diseñador no detecta cómo se producen las decisiones de diseño, quiénes participan y quiénes deciden, corre el riesgo de que sus propuestas no se concreten o no se implementen en las áreas correspondientes.
• Marca: de la empresa/del producto. Simbolización, presencia y posicionamiento en el mercado.
• Comunicación corporativa: conjuntamente con la marca, la comunicación corporativa constituye un pre-juicio –positivo o negativo– y una expectativa que inciden sobre la percepción del producto.
• Procesos operativos de la empresa:
  · económico-financieros
  · de logística
  · de transporte y distribución
  · de servicios pre-venta
  · de comercialización
  · de servicios post-venta
• Tecnología y producción:
  · área de producción propia de la empresa
  · producción tercerizada
  · nivel tecnológico disponible
  · series de producción
• Productos de la empresa:
  · productos que permanecerán
  · productos que permanecerán rediseñados
  · productos a discontinuar
  · lenguaje de producto: análisis y evaluación
• Productos similares existentes en el mercado:
  · prestaciones de uso y tecnológicas
  · significación

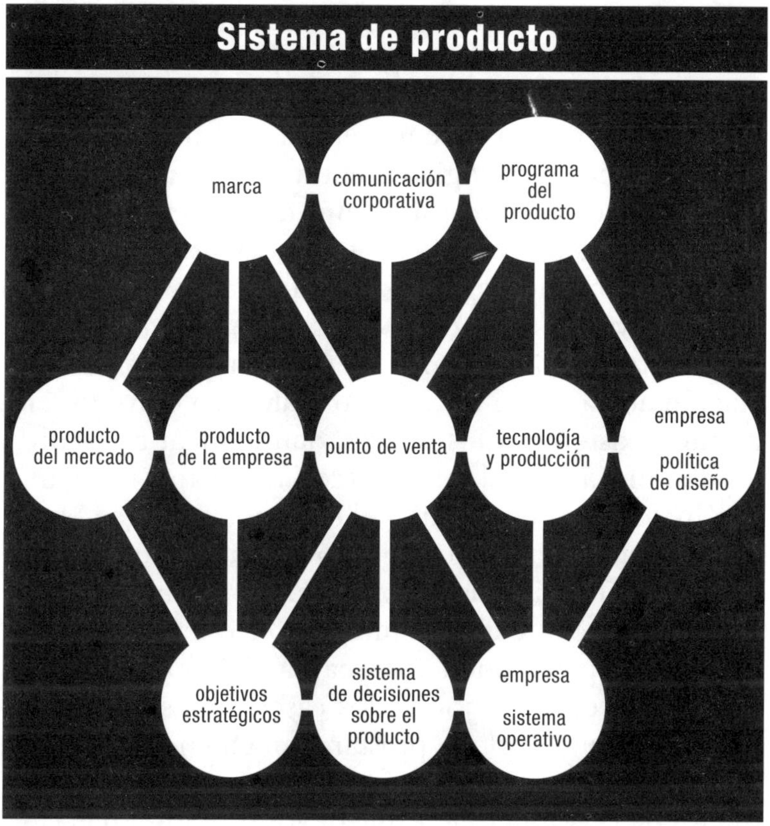

  - marca y comunicación corporativa
  - precios
- Puntos de venta:
  - locales
  - expositores
  - vehículos de distribución

Si bien en el marco de un nuevo diseño los productos de la empresa ya existentes no constituyen un condicionante, son una referencia que debe ser considerada aun en el caso de que el nuevo diseño implique una innovación significativa, francamente independiente de los atributos previamente instalados. Las características más representativas a considerar son las referidas a las prestaciones tecnológicas y a la significación. Estas configuran una suerte de prólogo para los nuevos productos a incorporar y, por lo tanto, deben ser analizadas tanto en el caso de un rediseño como en el de un nuevo diseño. Sería lógico preguntarse si un nuevo producto concebido con un diseño muy diferenciado de los productos ya existentes integra con estos un mismo sistema. El hecho de compartir una marca y la imagen corporativa de una empresa aporta de por sí una estructura sistémica con respecto a la cual la diferenciación actúa como un vínculo dialéctico entre los elementos existentes y los nuevos, dando lugar a dos niveles de innovación: el interno (con respecto a los demás productos de la empresa) y el externo, referido al mercado. Suele ocurrir que el grado de innovación interno represente un hito sustancial en su propio ámbito, pero no así en el contexto del mercado. De ser esta evaluación incompleta puede ser causa del fracaso de un proyecto y, en el mejor de los casos, una situación de riesgo a la que se debe prestar suma atención. Prestar atención es mirar hacia afuera, saber más de los productos de la competencia que de los propios. En el caso de que una empresa decida planificar un canal de comercialización independiente (con la misma marca pero dirigido a un segmento específico de su mercado tradicional), es muy probable que esta decisión dé lugar a un sistema autónomo de productos en todas o en algunas de sus propiedades.

De esta manera, el proyecto de un producto implicará inexorablemente enfrentarnos con un sistema complejo, cuya comprensión es la que en definitiva permitirá una descripción adecuada del problema a resolver. Como sabemos, una enunciación apropiada del problema forma parte de la solución.

Los productos singulares, presuntamente asistémicos, continuarán ejerciendo su seducción al intervenir en el proceso del consumo. Pero no representan el territorio global del diseño. Coincidimos con Medardo Chiapponi[38] cuando afirma que el diseño industrial se ha concentrado en el proyecto de productos singulares y en la búsqueda de la novedad "renunciando totalmente a intervenir en el proceso –extremadamente difícil debe reconocerse– de la planificación de los sistemas generales de los productos."

38. Chiapponi, Medardo: *Cultura social del producto*. Ediciones Infinito, Buenos Aires, 1999.

7.
Territorios del diseño

Hasta ahora lo que es bueno para el negocio es casi siempre perjudicial para la naturaleza

El contexto social ejerce cada vez más presión sobre las exigencias del consumo y del mercado

Un nuevo diseño es un producto desconocido que presenta incógnitas en todas las áreas de la empresa

7. Territorios del diseño

Hasta ahora, lo que es bueno para el negocio es casi siempre perjudicial para la naturaleza. El negocio necesitará integrar los sistemas económicos, biológicos y humanos para crear un comercio sustentable. De lo contrario, la economía correrá el riesgo de destruir su propio sistema.

Como mencionamos en el capítulo anterior, un producto integra simultáneamente varios sistemas según los atributos que se tomen en cuenta, es decir, según el criterio de análisis que se utilice. Desde el punto de vista de la estructura del consumo en el contexto del producto, podemos definir tres tramas o subsistemas superpuestos: la empresa, el mercado y la sociedad.

La empresa es el ámbito de gestión dentro del cual se lleva a cabo la actividad del diseño, independientemente de que la misma se realice como servicio externo a la empresa o formando parte de su organización.

A su vez, el mercado es el espacio en el cual la empresa lleva a cabo sus objetivos, programados a corto, mediano o largo plazo. El territorio del mercado se extiende y se modifica en el ámbito de la sociedad en función de los niveles del poder adquisitivo y de acceso al confort.

7.1. Sociedad

La sociedad como sistema soporte tanto del mercado como de la empresa origina su propio programa de necesidades, que por lo general sólo coincide parcialmente con la planificación de los productos del mercado. Esto se debe, por un lado, a la existencia de sectores sociales que por su baja capacidad de consumo no resultan de interés para el sector empresario y, por el otro, a que en el ámbito social se presentan problemas que, ya sea debido a su poca significación cuantitativa o a su excesiva complejidad, no representan el incentivo comercial requerido por el mercado. Sin embargo, el contexto social ejerce cada vez más presión sobre las exigencias del consumo y, por lo tanto, del mercado. Un ejemplo relativamente reciente, es el de la atención que se ha concentrado en las propiedades ergonómicas y ecológicas de los productos industriales y que en la Unión Europea ya ha sido incorporado a los proyectos de las marcas más importantes, así como a prácticamente todas las normativas internacionales. El escenario de la sociedad, independientemente de la significación de sus problemas sustanciales, en gran parte insatisfechos, siempre cede información para detectar futuras tendencias del mercado. Y simultáneamente es permeable a los manifiestos y las mercancías provenientes del mercado.

Aunque la mayor parte de las veces el diseñador se ve obligado a considerar casi exclusivamente los requerimientos del consumo, su responsabilidad proyectual no debería quedar al margen de las necesidades de la sociedad. Debido a una circunstancia propia de la mayoría de los sistemas sociopolíticos, son pocas las oportunidades en que las áreas gubernamentales se ocupan de relevar y de atender las necesidades referidas a problemas que no constituyen un negocio suficientemente rentable para el mercado, tales como la tercera edad, la educación y la salud pública, la discapacidad y la preservación ambiental. Por otra parte, estos temas presentan, además de los problemas de diseño no resueltos, requerimientos no detectados que seguramente constituyen los nuevos problemas de nuestra época. La irrupción de los cartoneros en la ciudad de Buenos Aires es un ejemplo de una tarea marginada que se instaló en la comunidad, fue socialmente aceptada, cambió comportamientos urbanos y sugirió nuevos productos.

7.2. Mercado

La estructura conceptual y el interés de la teoría económica tradicional no están centrados en el comportamiento del integrante de la sociedad como consumidor individual, sino como parte de un sistema artificial de mayores dimensiones en el cual los actores económicos se relacionan con grandes componentes del consumo, es decir, con los mercados. La función social de los mercados es (o, mejor dicho, debería ser) la de coordinar las decisiones y el comportamiento multitudinario de los consumidores y de los actores económicos con el fin de controlar que la oferta de productos que ingresa a un mercado guarde relación con las necesidades de la demanda y que, además, los precios mantengan un vínculo razonable con los costos de producción. De esta manera, el mercado estaría actuando como un sistema de comunicación entre el consumo y la producción, coordinando los diferentes procesos que tradicionalmente integran su funcionamiento: concentración, distribución, transporte, almacenamiento, clasificación, envase, intercambio y financiamiento.

El conjunto de actividades de logística relacionadas con el mercado que acabamos de describir, eran definidas por la edición 1968 de la *Enciclopedia Británica* con el término *marketing*, aclarando que el significado de este vocablo se estaba ampliando considerablemente hacia las actividades comerciales en el siglo XX. En realidad, el desarrollo posterior de tal concepto llegó a configurar, en las últimas tres décadas, una disciplina destinada a la investigación de las necesidades y del funcionamiento socioeconómico del mercado, dando lugar en algunos casos a un control unilateral del consumo. Este control unilateral del consumo se basa, en términos muy generales, en un conocimiento analítico y sectorizado del mercado con el fin de aumentar la competitividad empresaria por medio de la diversificación, la diferenciación y finalmente, el posicionamiento del producto en sectores especialmente elegidos de la demanda. Es decir que si durante la década del 70 el *marketing* era considerado la disciplina específica de los procesos funcionales del mercado, en la actualidad constituye un cuerpo teórico y una metodología referidos al conocimiento sistémico del consumo en todos los niveles económicos de la sociedad.

Con respecto a la empresa, el *marketing* postula una adecuación profunda del planeamiento gerencial a las características del mercado, sobre todo, en lo referente a sus tendencias de evolución, mediante la utilización de los siguientes procedimientos:

- Técnicas para el conocimiento del mercado:
  - de su comportamiento
  - de su sectorización de acuerdo con los niveles de poder adquisitivo
  - de sus necesidades existentes y potenciales (tanto materiales como inmateriales)

- Técnicas para el análisis de la competencia en cuanto a:
  - productos: lenguaje, prestaciones tecnológicas; significación, precios
  - marcas
  - sectores del mercado en que opera
  - estrategias de producto: de diseño, de comercialización y de comunicación
  - consideración de los objetivos necesarios para lograr un determinado posicionamiento de la empresa en el mercado. Estos objetivos son formulados a corto, mediano y largo plazo y son revisados periódicamente de

acuerdo con los cambios producidos en el contexto de la empresa
· planificación de las acciones requeridas para alcanzar los objetivos antes enunciados

Desde el punto de vista sistémico, Levy lo describe con las siguientes palabras: "El sistema empresa se relaciona con el contexto, mediante la estrategia competitiva. Modificaciones dentro del sistema producirán cambios en dicha estrategia que pueden producir cambios en el contexto.

El sistema de *marketing* interactúa con el contexto de dos maneras:

1. Es afectado por la actividad del contexto (formado por el sistema mercado, los sistemas competidores y las variables incontrolables del contexto general, tales como el ambiente económico y social, el ambiente político y legal, etc.)
2. Afecta los procesos de decisión e influencia que tienen lugar en el contexto (en el sistema mercado o sistema consumidor, en los sistemas competidores o sistemas oponentes racionales, etc.)" [39]

Es evidente que el *marketing* constituye un "diseño" y una "construcción" del mercado en función de los intereses de la empresa, conformando, en el mejor de los casos, un subsistema económico y en el peor, una hipertrofia del sistema.

7.3. Empresa

En su condición de contexto inmediato del diseño, es posible definir la empresa como una organización que integra recursos económicos, humanos y tecnológicos,

39. Levy, Alberto: *Marketing Avanzado. Lo estratégico y lo táctico*. Granica, Buenos Aires, 1994, p. 29.

cuyo objetivo es obtener beneficios a corto, mediano o largo plazo (según la tipología de sus negocios), con un determinado margen de riesgo, mediante la fabricación y/o comercialización de productos y servicios –por sí o por terceros–.

La fabricación de un producto siempre implica un diseño previo, originado a partir de una decisión no idónea, de un plagio, de una licencia o de un diseño especialmente realizado. El diseño no idóneo, el plagio y la licencia son por lo general decisiones que provienen de la empresa y configuran un "producto aceptado y conocido". Un nuevo diseño, como veremos más adelante, es por definición un producto desconocido que presenta incógnitas en todas las áreas de la empresa. Aunque la intervención del diseño supone una conciencia empresaria de la necesidad de optimizar e innovar la calidad de sus productos, muchas veces su llegada se produce no por un requerimiento de innovación, sino para solucionar problemas de producción, de costo, de comunicación del producto o de cosmética superficial. Pero todos estos aspectos pueden ser el inicio de una tarea proyectual y también de una política integral de diseño.

La empresa está organizada en áreas operativas, que a su vez dependen de una gerencia o dirección general: áreas de administración y finanzas, de producción, de compras y de comercialización. Si bien las áreas mencionadas constituyen los sectores de una estructura básica, esta puede variar según la tipología y las dimensiones de la institución. Con respecto a la intervención del diseño en una empresa, es importante señalar que esa actividad siempre presupone cambios y nuevos problemas para cada una de las áreas que la integran. Por lo tanto, frente a un nuevo proyecto no deberán descartarse reacciones de desinterés y, en muchos casos, actitudes adversas por parte de los responsables de los sectores de la producción y de la administración financiera. Desde el punto de vista del diseñador, seguramente no resulta comprensible que los agentes de una empresa no compartan un proyecto destinado a maximizar los atributos y las posibilidades de éxito de la institución y de sus productos. Sin embargo, es habitual que ocurra de esta manera ya que los objetivos específicos de cada área se encuentran fuertemente instalados y resisten los cambios que pudieran complicar su eficiencia rutinaria. Revertir esta situación requiere por parte del diseñador una gestión de comunicación interna, de persuasión y de negociación. Sobre todo, teniendo en cuenta que una innovación o un nuevo producto no son, por lo general, fácilmente imaginados por quienes carecen del necesario entrenamiento proyectual. Por lo tanto, la propuesta de diseño debe incluir, además de su adecuada representación, una primera evaluación de la incidencia del proyecto en los objetivos y en los recursos específicos de cada sector de la empresa. Si bien en las áreas de comercialización y de *marketing* se generan permanentes presiones para la incorporación de innovación, la forma de concebir este tema no siempre coincidirá con la del diseño, y es muy probable que esta "coincidencia aparente" y la confusión resultante signifiquen para el diseñador el conflicto de mayor dificultad para la negociación y el consenso.

Tanto la gestión económica como la del diseño tienen un origen común en la Revolución Industrial, la primera con el objetivo de planificar la producción y la comercialización; la segunda centrada en los atributos sociales, perceptivos, simbológicos y comunicativos del artefacto industrial. Pero sus metas específicas han recorrido trayectos cada vez mas divergentes: mientras el propósito de la dirección empresaria residió en la planificación, organización y control de los procesos productivos, referidos al uso eficiente de la mano de obra y de la relación costo-beneficio, el interés del diseño se focalizó, sobre todo, en una determinación cualitativa de la configuración del producto. Partiendo de esta premisa básica, "la relación entre el gerenciamiento de la empresa y la actividad del diseño (en el contexto de la producción industrial), podría ser definida más específicamente como una analogía de la diferencia entre cantidad y calidad".[40]

Si bien es cierto que la mayoría de los textos de diseño preconizan la integración de todos los factores del proyecto, en la práctica esta integración se ha venido realizando sobre un conjunto reducido de factores, situados en un entorno próximo al producto mismo y por lo tanto excesivamente simplificado Es decir, en un contexto en el que el diseño no puede interactuar adecuadamente con la empresa y el mercado.

7.4. Factores de frontera

Una de las consecuencias de las mutaciones que tienen lugar en el entorno del diseño es la modificación permanente de sus límites con las áreas vecinas de la economía, de la política, de la tecnología y del sistema sociocultural. Esta permanente transformación del contexto requiere a su vez determinar en cada caso cuál es la amplitud adecuada del contexto que debe ser considerada para la formulación del programa de diseño. Lo que sí es evidente, como afirmamos más arriba, es que una globalidad de enfoques garantiza tanto la cantidad como la calidad de la información requerida para dicha formulación, ya que por lo general las modificaciones y las tendencias de evolución no siempre se insinúan o se evidencian en el contexto específico del proyecto y, en cambio, pueden ser detectadas en el ámbito de disciplinas lindantes, como la política, la economía, el arte, la arquitectura, la moda, por citar las más cercanas. Por ejemplo, la incorpora-

40. Zec, Peter: *Design Management. Design Diffusion Edizioni* N° 11, Milán, p. 28.

ción de un país a un mercado común (como el NAFTA, el ALCA o el Mercosur) constituye una decisión política que produce modificaciones de gran magnitud en las variables cuantitativas y cualitativas de la estructura productiva del país ingresante (exposición a una nueva competitividad comercial, tecnológica y productiva), así como en las características de la producción exportable que sin duda debe responder a las exigencias del nuevo mercado en lo referente a tipologías, normas de calidad y estrategia de diseño. En un caso similar, las modificaciones en la política cambiaria (devaluación o revaluación de la moneda) suelen afectar directamente la actividad industrial y las condicionantes del producto de acuerdo con las mejores posibilidades establecidas para la importación o la exportación.

Desde otros campos de acción, el arte, y la filosofía a través de sus distintas manifestaciones, crean o exaltan códigos culturales que anticipan en muchos casos las tendencias del diseño, como ocurrió con la influencia del cubismo, el arte concreto y el neoplasticismo a comienzos del Modernismo y luego con la incidencia de la filosofía en el Posmodernismo. En el primer ejemplo, esta contaminación –como la denomina Marchán Fiz[41]– se produce a través de la exaltación de la síntesis del lenguaje y en el caso más reciente, debido a la influencia de filósofos como Edgar Morin, Gilles Deleuze y Jaques Derrida.

Con respecto a la moda, es evidente que su política de mercado ha instalado una expectativa colectiva de innovación permanente que sin duda ha coincidido con la de algunos sectores del diseño como los dedicados al mobiliario y a la decoración. De todos modos, en muchos casos la moda ha demostrado una extraña capacidad para detectar o provocar cambios en el comportamiento social. En este sentido, el historiador Eric

---

41. Marchán Fiz, Simón: *Contaminaciones figurativas*. Alianza, Madrid, 1986.

Hobsbawm sostiene que "La razón por la que los diseñadores de moda, unos profesionales poco analíticos, consiguen a veces predecir el futuro mejor que los vaticinadores profesionales, es una de las cuestiones más incomprensibles de la historia y para el historiador de la cultura, una de las más importantes".[42]

El desarrollo paralelo y por lo general convergente entre la arquitectura y el diseño industrial ha creado situaciones y modelos de cambio que desde cada una de estas disciplinas ha ido conformando la polémica del lenguaje del Movimiento Moderno. A través de los asientos concebidos por Le Corbusier, Walter Gropius, Gerrit Thomas Rietveld, Marcel Breuer, Ludwig Mies van der Rohe, Alvar Aalto, Arne Jacobsen, Eero Saarinen, Ettore Sottsass, entre otros, es posible afirmar que la historia de la arquitectura contemporánea ha adquirido una "simbolización sintética" en la historia de la silla del siglo XX.

42. Hobsbawm, Eric: *Historia del siglo XX.1914-1991*. Crítica, Barcelona, 1996.

8.
Diseño y gestión

Ineludiblemente, todo proyecto se materializa en la empresa y la gestión de diseño es el medio para lograr su factibilidad

El desfasaje en la gestión del diseño dio lugar a una actividad proyectual concentrada más en las propiedades del producto que en el análisis crítico de los problemas a resolver como resultado de los cambios del contexto

En términos actuales, la gestión de diseño comprende el conjunto de actividades de diagnóstico, coordinación, comunicación, negociación y diseño que se llevan a cabo interactuando con la empresa

8. Diseño y gestión

8.1. Interacción del diseño

Como afirmamos más arriba, el término "gestión", tal como lo entendemos en la actualidad, es relativamente reciente dado que su difusión se produjo en los años setenta en el área de la economía, desarrollándose en temas como gerenciamiento, planeamiento estratégico, logística y *marketing*, y como una respuesta flexible de la empresa a un contexto cada vez más complejo e incierto. Sin embargo, en las formulaciones teóricas del diseño este concepto ya aparecía en la definición del diseño industrial estipulada por el ICSID (Consejo Internacional de Sociedades de Diseño Industrial)[43], de acuerdo con una propuesta realizada por Tomás

43. La definición del ICSID dice lo siguiente: "El diseño industrial es una actividad proyectual que consiste en determinar las propiedades formales de los objetos producidos industrialmente. Por propiedades formales no hay que entender tan sólo las características exteriores, sino, sobre todo, las relaciones funcionales y estructurales que hacen que un objeto tenga una unidad coherente desde el punto de vista tanto del productor como del usuario. Puesto que mientras la preocupación exclusiva por los rasgos exteriores de un objeto determinado conllevan el deseo de hacerlo aparecer más atractivo o también disimular las debilidades constitutivas, las propiedades formales de un objeto –por lo menos tal como yo lo entiendo aquí– son siempre el resultado de la integración de factores diversos, tanto si son de tipo funcional, cultural, tecnológico o económico. Dicho de otra manera, así como los caracteres exteriores hacen referencia a cualquier cosa como una realidad extraña, es decir, no ligada al objeto y que no se ha desarrollado con él, de manera contraria las propiedades formales constituyen una realidad que corresponde a su organización interna, vinculada a ella y desarrollada a partir de ella". Bonsiepe, Gui: *Teoría y práctica del diseño industrial.* Gustavo Gili, Barcelona, 1978, p. 21.

Maldonado en 1963. Esta definición, mantenida por el Consejo hasta nuestros días, sigue siendo un referente epistemológico aceptado y citado en prácticamente todos los textos sobre diseño. Pero su vigencia actual resulta aun más evidente a partir del comentario sobre dicha definición formulado por Maldonado en su libro *El diseño industrial reconsiderado:* "De acuerdo con esta definición, proyectar la forma significa coordinar, integrar y articular todos aquellos factores que, de una manera o de otra, participan en el proceso constitutivo de la forma del producto. Y con ello se alude precisamente tanto a los factores relativos al uso, fruición y consumo individual o social del producto (factores funcionales, simbólicos o culturales), como a los que se refieren a su producción (factores técnico-económicos, técnico-constructivos, técnico-sistemáticos, técnico-productivos y técnico-distributivos)". Más adelante, el autor agrega: "se ha de admitir que el diseño industrial, no es una actividad autónoma".[44]

Hemos citado largos pasajes del texto de Maldonado no sólo porque contiene precisiones que mantienen su vigencia hasta nuestros días, sino también porque permite concluir que si existe un desfasaje en la actividad del diseño este desencuentro no se origina en la naturaleza del proceso proyectual, sino en la falta de una adecuada consideración de las modificaciones producidas tanto en el sistema de prioridades de la sociedad como en los campos de la economía y de la empresa. La aplicación parcializada o restringida de la definición más arriba analizada dio lugar a una actividad proyectual cada vez más concentrada en las propiedades proyectuales del producto, y no en el análisis crítico de los problemas a resolver en relación con los cambios del contexto.

44. Maldonado, Tomás: *El diseño industrial reconsiderado*. Gustavo Gili, Barcelona, 1977, p. 13.

Este proceso de desfasaje, como ya dijimos anteriormente, se desarrolló en gran medida como extensión de los axiomas del sistema económico-productivo vigente hasta la década del 70, que es posible resumir de la siguiente manera:

- Una modalidad empresaria en la que el diseño se incorporaba, en la mayoría de los casos, como resultado de una relación cultural entre la "dirección de la empresa" y el diseñador, con intervenciones casi inexistentes de otros agentes de la economía o del mercado. Como ejemplos de estas alianzas podemos citar: *AEG* y Peter Behrens, 1910; *Pennsylvania Railroad Company* y Raymond Loewy, 1938; *General Motors* y Norman Bel Geddes, 1939; *Hoover Company* y Henry Dreyfus, 1949; *Braun* y Hans Gugelot, 1954, *IBM* y Eliot Noyes, 1956; *Herman Miller Furniture* y George Nelson / Robert Propst, 1965; *Olivetti* y Marcello Nizzoli / Ettore Sottsass, 1958-65 entre otras.
- Un contexto cuya evolución y modificación se estimaba con variables acotadas y previsibles, con escasas posibilidades asignadas al producto de influir sobre los requerimientos del consumidor.
- Un usuario ideal, "consumidor pasivo" definido básicamente desde la óptica sintética del proceso de diseño y a través de los paradigmas de la sociedad industrial, analizados en el capítulo "Desfasajes del diseño".

8.2. Diagnóstico, coordinación y negociación

Si intentamos enunciar una definición de gestión de diseño en términos actuales, es posible formularla como el conjunto de actividades de diagnóstico, coordinación, negociación y diseño que se llevan a cabo en el ámbito de la empresa, interactuando con las áreas de la producción, de la programación económico-financiera y de la comercialización.

Tanto se trate de un producto existente como de un nuevo producto, por diagnóstico entendemos la evaluación del diseñador referida a:

- el relevamiento y análisis prospectivo de las propiedades del producto: tecnológicas, de uso, de costo y de lenguaje
- el análisis crítico del producto con respecto a los productos existentes en el mercado o con la posibilidad de incorporarse en el futuro
- la posibilidad económica y tecnológica de obtener los atributos (de servicios, de marca y de costo) necesarios para posicionar el producto en el segmento de mercado previsto

La coordinación comprende las gestiones de intercambio de información, discusión y articulación de los diversos aspectos del proyecto con las áreas de producción, financiación y comercialización, teniendo en cuenta el cumplimiento de las etapas previstas del proyecto. Por lo tanto, la coordinación presupone tanto la programación como el liderazgo del proceso. A su vez, por negociación entendemos la comprensión de los puntos de vista de los sectores de la empresa mencionados y la adecuada presentación de los aspectos culturales, técnicos y comerciales del mismo con el fin de que estén asociados –en mayor o menor grado– los intereses de todas las áreas de la organización. El éxito de una negociación requiere, desde su inicio, una clara descripción del proyecto, comprensible para todos los ámbitos de la empresa y una gestión en la que todos los participantes se sientan involucrados.

Por último, si bien el diseño constituye el objetivo específico de la gestión proyectual, también forma parte del sistema de acciones de la empresa por lo que debe adecuar sus conocimientos y su modalidad operativa para asumir el protagonismo como saber integrador de todas las acciones referidas al proyecto.

De lo dicho resulta evidente que las tareas enunciadas de diagnóstico, coordinación y negociación deben realizarse en la etapa preliminar y a lo largo del desarrollo del proyecto con una modalidad que permita comprender, debatir y consensuar tanto los puntos de vista de los agentes de la empresa como las distintas fases y propiedades del proyecto. Sólo de esta manera, los criterios del diseño podrán acceder a una participación relevante en el proceso de decisiones del producto. Creemos importante señalar que en la relación mencionada con las distintas áreas de la empresa no es conveniente incluir atributos culturales del diseño sin verificar previamente que estas nociones serán comprensibles para las áreas operativas, con el fin de evitar desencuentros y malos entendidos. En la mayoría de estos casos resulta conveniente presentar las descripciones del producto particularizando sus atributos en aspectos tales como la innovación tecnológica, las prestaciones de uso, la percepción formal comparada con productos similares, los aportes y los "aspectos intencionalmente relegados del diseño".

8.3. Gestión y *management*

En el área de la enseñanza de diseño, el concepto de "gestión" fue rechazado en los ámbitos académicos, seguramente porque se le asignaba la intención de pragmatizar los objetivos proyectuales, cediendo así espacio a la intervención de la economía en el proceso de la toma de decisiones referidas al diseño.

En el presente trabajo, la gestión de diseño está concebida como una necesidad ineludible de su adecuación a las nuevas condiciones del contexto en el que debe actuar (condiciones de mutaciones permanentes, aceleradas y turbulentas) con miras a que conforme, como expresamos más arriba, el "saber coordinador" de todas las disciplinas que en la actualidad participan de las decisiones referidas al producto.

Por otra parte, la palabra "gestión" aporta su origen etimológico como significado de "gesto" y de "gestación", que no son ajenos al ámbito del diseño. Esta referencia etimológica agrega una razón más para no circunscribir el uso de esta palabra sólo al ámbito administrativo.

A nivel internacional, la "gestión de diseño" ha quedado identificada con la denominación sajona *design management*, cuya traducción más difundida es "gerenciamiento de diseño". La utilización de la palabra gerenciamiento como sinónimo de gestión reduce su significado a los aspectos de planificación y control de la gestión administrativa o logística. La razón del desencuentro semántico entre ambos términos del español y del inglés se debe, por un lado, a que este último carece de una expresión equivalente a "gestión" y, por el otro, a que en la palabra *management*, como ya mencionamos, se ha producido una reducción de su significado original. En efecto, si nos atenemos a los orígenes del término *management*, su equivalente en nuestro idioma sería "manejo o conducción", ya que este término deriva del italiano *maneggiare*, "manipular y conducir", que a su vez tiene su origen en la palabra latina *manus* "mano"[45]. De esta manera, tanto como traducción de la denominación inglesa como en lo referente al ámbito de su actividad, sería adecuado considerar el *management* sólo como una parte de "la gestión" o de la "dirección de diseño" como se la suele denominar en Italia.

45. Williams, Raymond: *Palabras clave*. Nueva Visión, Buenos Aires, 2000, p. 207.

9.
Innovación y lenguaje

Diseñar la comunicación es diseñar la empresa

Baudrillard: "lo peor es querer encontrar un sentido donde no lo hay"

La innovación "con sentido" depende más de una nueva comprensión del problema que de una buena solución

Kurt Vonnegut: "Somos aquello que fingimos ser, así que debemos tener cuidado con lo que fingimos"[46]

46. Minsky, Marvin: *La Sociedad de la mente.* Editorial Galápago, Buenos Aires, 1986, p. 39.

9. Innovación y lenguaje

Sólo puede ser imaginado lo que está ausente.
Marcel Proust

9.1. Innovación

El término innovación, como ya mencionamos en capítulos anteriores, fue definido por el economista Joseph Schumpeter en 1930 como "la ejecución de combinaciones nuevas" de todos los factores relacionados con el producto, pero recién en la década del 70 apareció en el diseño como un factor ineludible del negocio.

La Escuela de Ulm, al concebir el producto industrial de serie como síntesis de los temas culturales contemporáneos le había otorgado al diseño la misión de mejorar la calidad de vida de la sociedad, cargándolo de sentido como síntesis y testimonio de los valores utilitarios y estéticos de nuestra civilización. El concepto de innovación, por su parte, implica el concepto de "diferenciación" del producto y su frecuencia de cambio, incorporando de esta manera el diseño al área de la economía.

De todos modos el diseño siempre significó innovación como acción específica de cambio y como contracara del plagio. Nosotros hemos utilizado este término por entender que dentro de la gestión de diseño facilita la interacción con los diversos factores del producto.

El secreto del cerebro humano es la búsqueda de la diversidad. Sentimos una urgencia intrín-

> seca de buscar lo novedoso. Si uno toma una neurona y la estimula dos veces del mismo modo, inmediatamente decrece su actividad. Se aburre. Lo peor para el cerebro humano es el aburrimiento y eso ha creado el combustible para el desarrollo de la humanidad. El problema es que buscar novedad no siempre es bueno, por eso el cerebro tiene potencial para lo bueno y para lo malo.[47]

Como veremos a continuación la innovación es el resultado de propiedades que forman parte del producto a través de su diseño y de valores externos al objeto que inciden indirectamente como la marca y la comunicación de la empresa. Dentro de las propiedades inherentes al producto mismo las prestaciones tecnológicas (que engloban además las de uso) y la significación adquieren una función esencial en la percepción de innovación por parte de la gente.

En el capítulo 1, titulado ¿De qué diseño hablamos?, analizamos los grados de intensidad que pueden asignarse a una innovación tecnológica o de significación. La asignación de "fases de intensidad" a la innovación permite una mejor comprensión de sus efectos concretos y por lo tanto una evaluación precisa de su accionar específico. Además esta evaluación resulta de suma importancia en la relación del diseñador con la empresa.

Los grados de intensidad asignados en dicho capítulo a la innovación tecnológica son:

1. Mejoramento incremental de las prestaciones
2. Mejoramiento radical de las prestaciones
3. Creación de nuevas funciones

Con un criterio similar, la graduación de la significación percibida del producto se desarrolla en tres fases:

47. Marcel Mesulam, Director del Centro de Neurologia y Alzheimer de la Universidad Noethwestern, Diario La Nación del 19-3-06, p. 19, Buenos Aires.

1. Adaptación del diseño a los modelos culturales vigentes
2. Cambio sustancial de los significados
3. Generación de nuevos significados

En el capítulo mencionado analizamos además, la incidencia de la "significación" y de las "prestaciones tecnológicas" en la valoración social de los productos y la preferencia que esta valoración confiere a una intensidad similar de ambas variables.

Es decir que la "innovación con sentido" del producto requeriría una intensidad de cambio similar tanto en su tecnología como en su significación.

La significación de un producto rara vez es percibida en los comienzos de su aparición; esto sucede tiempo después, en la mitad de su desarrollo social, cuando su relación con las personas se ha fortalecido. Además, cuando un objeto o producto aparece no puede aspirar a ser innovador en su totalidad: surge dentro de un conjunto artificial que todavía no lo implicaba y para no verse rechazado debe conservar algunas de las características que sigue compartiendo con el sistema existente, configurando una nueva significación que de alguna manera y en un determinado porcentaje incluye a la anterior.

A diferencia de la significación, la innovación reducida a los aspectos formales externos pierde rápidamente su "otroriedad", su poder de asombrar y de transgredir, recorriendo metafóricamente un trayecto que va desde la seducción y el placer, al bienestar y finalmente al olvido. Pero si la innovación tuvo sentido, lo mantendrá aun en un desván o en un museo.

La significación es un concepto difuso y ambiguo. El secreto de lo que algo significa se encuentra en el modo en que lo hemos vinculado con las demás cosas que conocemos. Por este motivo, suele ser errado buscar "el verdadero significado" de una cosa. Algo que tiene un solo significado (si esto fuera posible) carecería de todo sentido.

La capacidad de innovar surge de una forma diferenciada del pensamiento: una manera nueva de mirar las cosas, de encontrar nuevas descripciones y de buscar combinaciones entre distintos puntos de vista. En otras palabras, la innovación "con sentido" depende más de una nueva comprensión del problema que de los atributos de una buena solución. Esta comprensión del problema requiere una declinación que va desde los aspectos particularizados, socializados, del programa de diseño, hacia grados de concepción más genéricos y abstractos y, por lo tanto, con menor contaminación de las soluciones existentes.

Cuando la intención innovadora no incluye valores con sentido para la gente, los cambios propuestos representan más de lo existente, no agregan ni quitan, como pequeños ruidos prescindibles. Esta exigencia de sentido que asignamos a la innovación no pretende calificar exclusivamente el talento o la genialidad. Diseñar dentro de significados ya establecidos es una tarea profesional social y culturalmente necesaria. Se trata, más bien, de no confundirnos ni de confundir a la gente.

Hemos mencionado más de una vez los valores que participan de la significación del producto. Los valores son conceptos que integran el imaginario colectivo y que actúan sobre el producto a través de una interpretación socializada de los signos del artefacto. Es decir, son conceptos externos al producto que expresan su identidad axiológica real con respecto a una instancia de posibilidad no alcanzada. Por lo tanto, el valor supone, por lo general, una diferencia entre lo posible y lo logrado.

En términos generales, podemos mencionar valores como la bondad y la maldad, lo agradable y lo desagradable, lo bello y lo feo, lo justo y lo injusto, etc., pero en la relación del producto con la gente entran en juego además procesos muchas veces simultáneos o contradictorios como los referidos a: identidad individual y colectiva, diferenciación e integración social, ecología y confort, lo local y lo global, innovación digital y discapacidad tecnológica, sustentable y contaminante, pertenencia y respeto.

Si presentamos artefactos de uso habitual para ser evaluados por la gente, seguramente recibiremos una amplia variedad de respuestas de las cuales muy pocas se referirán al sentido, a lo que el objeto representa, y la mayoría serán opiniones acerca de cómo es el producto, para qué está hecho, quiénes suelen usarlo, qué diferencias tiene con objetos similares, cómo es su durabilidad, su apariencia, su costo. Es decir, los valores del producto raramente se reconocen como tales, pero se perciben emocionalmente.

9.2. Lenguaje

• Signos

Según una acepción etimológica del término "diseño", esta palabra tiene su origen en el vocablo latino *designare* formado por el prefijo aumentativo "de" y el verbo *signare,* cuya traducción sería distinguir por un signo, es decir, dar significado.

El lenguaje del producto es el emisor del mensaje que será percibido por la gente. Esta percepción dependerá, en un proceso interactivo, tanto de las expectativas individuales y colectivas del mercado, como de las propiedades del producto: prestaciones tecnológicas y de uso, valores simbólicos, marca, comunicación, accesibilidad de compra, sistema de comercialización. Es decir que el lenguaje del producto no queda reducido a su configuración formal ni a la materialidad de los signos instalados en el mismo. Los signos actúan como factores de interpretación y son percibidos como una idea acerca de la cosa. Asimismo, trascienden la dimensión subjetiva del individuo constituyendo un fenómeno de pensamiento colectivo y provienen tanto de los medios específicos de comunicación (comunicación corporativa, marca, publicidad), como del lenguaje propio del artefacto. Cuando el signo está directamente vinculado con el objeto como ocurre con el poste indicador de una carretera, las teclas para operar un artefacto, un reloj o una veleta, se trata de signos *indicativos.* Los signos indicativos son, por lo tanto, todos los componentes materiales y gráficos que informan sobre la operación y las prestaciones del producto. A través de su modalidad de diseño, pueden constituir un sistema operativo "experto" con escasa diferenciación de los elementos indicadores, o un sistema "accesible" en el que la información está presente en la configuración misma del objeto (forma, diferenciación, color, ubicación), más que en los textos indicadores del producto.

Por su parte, los signos *simbológicos* son aquellos que han sido asociados con un significado a través del uso, como ocurre con las palabras. En el caso de los objetos, se trata de significados referidos al contexto cultural y a su imaginario colectivo. Los símbolos no nos transmiten imágenes precisas, sino pistas, sugerencias para imaginar relaciones de las cosas con su contexto. Por lo tanto, el lenguaje del diseño no configura un texto y sus significados son producidos por signos que deben ser descifrados y que muchas veces son imperceptibles. Estos significados se instalan en la sociedad en función de los valores propuestos por el producto, y con mayor frecuencia cuando entran en resonancia con comportamientos culturales que se encuentran en una fase de debilitamiento o de cambio.

Los signos simbológicos implican un complejo proceso de lenguaje, ya que la eficiencia de las asociaciones no sólo depende del lenguaje propuesto, sino muy especialmente de los valores de la sociedad con respecto a los cuales se pretende establecer la relación. Como dice Baudrillard: "lo peor es querer encontrar un sentido donde no lo hay".

El proceso simbológico del diseño se ha movido entre dos extremos: el "semiótico" de la década de 1960 en el cual la simbología era descripta por el producto mismo, y el "autónomo", que pretende configurar una significación individual, personal y por lo general biográfica del autor desconociendo que el sentido de una cosa tiende a ser un fenómeno colectivo.

De todos modos, no resulta posible concebir un lenguaje desprovisto de simbología. El lenguaje "funcionalista" de los comienzos del Movimiento Moderno era en realidad un simbolismo encubierto.

Para resumir lo dicho hasta aquí, intentaremos consignar los diferentes aspectos que, en mayor o menor grado, constituyen el lenguaje del producto:

- **Lenguaje del producto**
  - Tecnología: prestaciones de uso y sustentabilidad
  - Propiedades de la forma:
    - materiales, superficies, textura, color
    - agregación e integración de los componentes
    - relaciones de las partes con la totalidad
    - articulaciones, uniones, interrupciones.
  - Estética: relación con los códigos de valoración de la belleza
  - Comunicación indicativa, operativa
  - Comunicación simbólica: referidas al contexto sociocultural:
    - identidad
    - integración
    - diferenciación
    - fantasías
    - expectativas

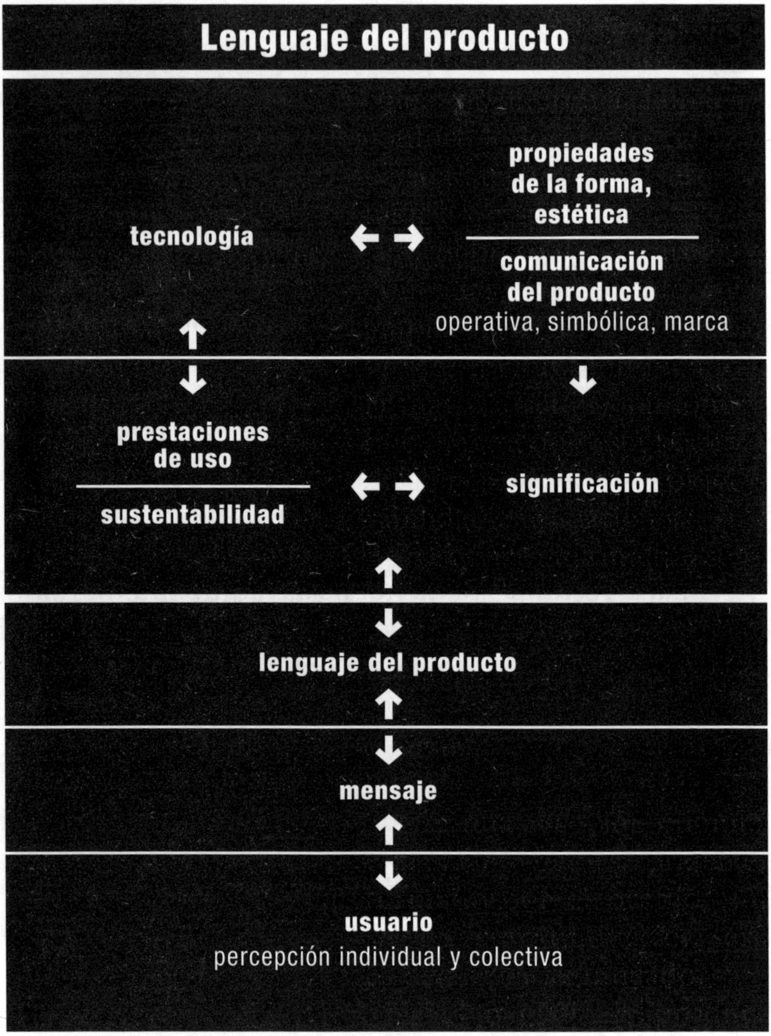

- deseos
- ceremonias
- comportamientos
- mitos
- otros objetos

- Marca del producto
- Nombre del producto
- Comunicación institucional de la empresa y del producto

• Lenguaje de la empresa

El lenguaje de la empresa –erróneamente llamado imagen corporativa– a través de sus mensajes comunica lo que la empresa es y en algunos casos y por corto tiempo lo que la empresa pretende ser y no es.

El lenguaje de la empresa comunica los principios y los valores éticos, sociales, culturales, los criterios de comportamiento y los procesos operativos, referidos al mercado y al ámbito interno de la empresa. En la definición de todos los aspectos mencionados, el diseño puede aportar una nueva manera de mirar los problemas, las experiencias y las soluciones.

Las acciones y el comportamiento de la empresa comunican con similar intensidad lo que comunica su gráfica o su publicidad.

Lo sustancial de la comunicación es el contenido, el "qué" del mensaje. El "cómo" tiene más alternativas y menos riesgos. El diseño gráfico no puede mejorar un mensaje inadecuado.

El lenguaje de la empresa comprende los siguientes componentes:

• Política de comunicación

De acuerdo con lo ya dicho, la política de comunicación de la empresa determina y hace evidentes:

- los valores y los objetivos centrales de su comportamiento empresario
- los alcances de su responsabilidad social
- los principios de su cultura institucional
- los principios de interfase con los recursos humanos propios
- la estrategia de la totalidad de sus mensajes

Esta política es el resultado de considerar:
- la posición de la empresa en el mercado local y global
- las marcas instaladas en su mercado específico
- los aspectos diferenciales de los productos, servicios y procesos técnicos, culturales y operativos de la empresa
- los aspectos diferenciales de las empresas con la que comparte el mercado
- la percepción externa e interna de la empresa

Los valores y objetivos definidos serán la base para el proyecto de la comunicación de la empresa.

- **Emisores de la comunicación**

Todo elemento humano y físico de una organización produce comunicación emitiendo mensajes que son interpretados de acuerdo con los códigos culturales de los receptores, tanto en su conexto –mercado y sociedad– como en el ámbito interno de la institución.

Los elementos emisores más significativos a tener en cuenta son los siguientes:

- Productos: ver apartado "Lenguaje del producto".
- Marca: la marca es el contenido sustancial de la comunicación y debe ser cuidada tanto en la actualización gráfica como en la frecuencia de su comunicación. Es decir, la marca debe mantenerse activa; de no ser así habrá que cambiarla o relanzarla.
- Arquitectura exterior e interior: carácter arquitectónico en lo referente a aspectos como tradición/innovación, minimalismo/expresionismo, integración/diferenciación.
- Gráfica: en el diseño de la gráfica lo más importante no es el diseño sino el contenido: qué se quiere decir. El sistema gráfico comprende:

· logotipo
· isotipo
· tipografía
· colores institucionales
· colores alternativos
· piezas gráficas operativas
· piezas gráficas institucionales y comerciales: folletos, catálogos, muestrarios, tarjetas de fin de año, bolsas, embalajes
· señalética

- Procesos comerciales:
  · eficiencia
  · atención personalizada
  · cumplimiento
  · servicios de venta y post-venta
  · diseño de la experiencia del cliente
- Recepción personal y telefónica.
- La gente:
  · capacitación adecuada al producto y al nivel profesional y técnico del cliente
  · lenguaje técnico específico del producto
  · lenguaje social (oral y gestual) adecuado al nivel socioeconómico del producto
  · indumentaria
  · nombres
- Publicidad:
  · institucional
  · de producto
- Prensa: medios institucionales, públicos, especializados.
- Eventos: de la institución y privados de sus directivos.
- Relaciones sociocomerciales: exposiciones de arte y diseño, congresos, cámaras, etc.
- Vehículos de la empresa: tipología, modelo, colores y gráfica.

• Comunicación espontánea y comunicación programada

Todos los emisores de imagen mencionados integran la comunicación de la empresa. En muchos casos, esta suele actuar de manera espontánea, es decir, no programada.

La comunicación espontánea se produce cuando uno o más de los emisores nombrados actúa de acuerdo con criterios o interpretaciones individuales en alguno de los aspectos de la comunicación programada. Esto ocurre en los casos en que no existe una estrategia implementada de comunicación, o en aquellos en que aun con una estrategia de comunicación vigente algunos de los emisores, por alguna razón, quedan marginados de la estrategia.

La comunicación, una vez diseñada y programada, requiere un responsable que controle la totalidad de los emisores de imagen, de acuerdo con el programa de comunicación aprobado por la dirección de la empresa. La asignación de esta responsabilidad a un comité es, por lo general, una solución errónea, ya que la comunicación constituye un aspecto tan importante o incluso más que el producto, por lo que debe estar a cargo de una gestión idónea que responda directamente a la dirección general de la institución.

El objetivo perseguido por una estrategia de comunicación es que el mercado detecte e interprete que existe una "manera de ser específica de la empresa". Para que esto suceda, teniendo en cuenta que los emisores son muchos y diversos, es necesario que el observador externo perciba una cierta unidad de mensajes entre la diversidad que recibe: los productos, la marca, los folletos, la papelería, etc. Es decir, se requiere que observe el "máximo común denominador" que representa la unidad dentro de lo diverso. Esto facilita la interpretación y la comprensión de la identidad incluida en el sistema de mensajes.

La distancia a recorrer entre el mensaje global percibido y el pretendido debe ser planificada de acuerdo con los recursos disponibles para la comunicación. El mensaje global pretendido debe obedecer a objetivos institucionales, más que a motivaciones personales o emocionales. Un mensaje que no tiene posibilidades de instalarse en el mercado tiene un costo desproporcionado en relación con los resultados obtenibles.

El diseño de la comunicación de la empresa, realizado en profundidad, implica además de todo lo mencionado, el diseño de la empresa en lo referente a los procesos internos y externos de interfase personal y a los servicios específicos de la actividad empresaria. Por esta razón diseñar la comunicación es diseñar la empresa.

10.
Diseño y estrategia

Quizá el aspecto más significativo de lo estratégico aparece cuando las acciones a llevar a cabo dependen tanto de las decisiones propias como de las ajenas

El término "estratégico" enfatiza la necesidad de definir los objetivos prioritarios del proyecto, concentrando en los mismos los recursos disponibles

En *El Arte de la Guerra*, Sun Tzu afirma que "aquel que se destaca por su capacidad para resolver las dificultades es quien las soluciona antes de que se planteen"

10. Diseño y estrategia

10.1. Definiciones

En los últimos años, la palabra "estratégico" se ha convertido en un adjetivo prestigioso aplicado a varias de las acciones y actividades que se desarrollan en campos tan diversos como el de la empresa, las profesiones, el deporte y la política. Es decir, como un atributo de calidad sin que quede claro de qué calidad se trata. Si bien no resulta fácil definir un límite que distinga lo estratégico de lo que no lo es, podemos analizar los aspectos que han dado lugar al resurgimiento de este término en la última década del siglo XX.

En realidad, el interés actual por la estrategia no expresa el atractivo de un nuevo concepto. Es sabido que "estrategia" tiene su origen en el vocablo *strategos* con el que los griegos denominaban a sus generales. Mucho antes, el mundo animal y el humano conforman sus comportamientos y sus maneras de proceder para obtener determinados resultados. Es decir, *construyen* sus estrategias seleccionando los comportamientos que les permitirían sobrevivir, de acuerdo con sus recursos, habilidades y deficiencias. Como parte de este proceso, la comunicación del hombre se desarrolla mediante la selección de las palabras, su ordenamiento secuencial y la dramatización sonora y gestual elegida para un determinado fin. La aparición de la inteligencia creativa de la especie humana convierte la estrategia de la "selección natural" en una estrategia de anticipación, que permite modificar y encauzar la incertidumbre del contexto, mediante proyectos "artificiales".

Quizá el aspecto más significativo de lo estratégico aparece cuando la obtención de esos resultados se debe realizar en competencia con otros actores. En ese caso, la elección de las acciones a llevar a cabo depende tanto de las decisiones propias como de las ajenas. En otras palabras, la complejidad de lo estratégico está vinculada con la cantidad de escenarios posibles a enfrentar como consecuencia de las acciones de los distintos actores. Por lo tanto, deben analizarse los "mejores resultados" a obtener, así como los "resultados posibles" en diversas situaciones alternativas. En el ajedrez, con solo dos actores para el primer movimiento y su contestación existen cuatrocientos escenarios posibles. En el mercado, un nuevo diseño enfrenta varios "intérpretes" humanos y una infinidad de productos que no sólo actuarán por presencia competitiva, sino como "sujetos críticos" del nuevo producto.

Hasta la década del 60, el término "estrategia" fue prerrogativa casi exclusiva de los temas políticos y militares. Una breve consideración de la terminología utilizada en el ámbito empresarial permite comprobar que el lenguaje de la confrontación que hasta hace unas décadas se reservaba para referirse a las operaciones militares se ha trasladado al ámbito de las empresas, en el que son usuales las metáforas de la guerra. Conceptos tales como "conquista del mercado", para describir un procedimiento como la expansión de las actividades de una compañía, o "liderazgo", con sus claras connotaciones de poder político o militar, sirven para valorar positivamente el comportamiento agresivo de una empresa, o bien, para instalar "cátedras de liderazgo"[48], con el fin de promocionar las currículas de las escuelas de negocios. De manera quizá demasiado simplificada, Sun Tzu en *El arte de la guerra* define al estratega con los siguientes términos: "aquel que se destaca por su capacidad para resolver las dificultades es quien las soluciona antes de que se planteen". Por lo general, las definiciones de estrategia han sido estudiadas y resumidas en el ámbito político-militar, y más recientemente en el área del *marketing*. Pero si nos referimos a un nivel más genérico, es posible definir la estrategia como: la maximización de los recursos humanos, materiales e inmateriales –disponibles y obtenibles– con el fin de alcanzar progresivamente determinados objetivos, dentro de cierto margen de riesgo y de acuerdo con la evaluación del comportamiento presente y futuro del contexto en el cual se habrán de llevar a cabo dichas acciones.

10.2. Etiquetas estratégicas

El término "estratégico" como adjetivo del diseño enfatiza la necesidad de definir los objetivos específicos y significativos del producto y del proyecto, concentrando en los mismos los recursos disponibles de la empresa y los atributos prioritarios requeridos por la sociedad y el mercado. En la definición de los objetivos estratégicos se tendrán en cuenta, además, las posibles tendencias de evolución de las variables económicas, sociales y culturales. Dicho de otra manera, la estrategia de diseño implica priorizar ciertas propiedades –consideradas definitorias del proyecto– por encima de otras de menor participación en los objetivos centrales del producto. Es posible afirmar que *la estrategia es el resultado de un sistema de prioridades aplicado tanto a la genética del producto como a la concentración de los recursos necesarios para su gestación.*

48. Lynch, Enrique –Profesor de la Universidad de Barcelona– en: La Nación, 25 de julio de 2000, p. 15.

Ahora bien, consideremos también lo que no es "estratégico", analizando algunas "etiquetas estratégicas" frecuentemente usadas:

- La asociación de dos actores –empresas o personas– no configura una fusión estratégica, sino una sumatoria de recursos materiales e inmateriales, una operación cuantitativa. Podemos hablar de una alianza estratégica sólo si la unión se realiza con el fin de crear nuevos objetivos comunes en reemplazo de los ya existentes, o si la fusión está dirigida a establecer una complementación entre las partes, que les permita acceder a nuevos productos, tecnologías o mercados. Es decir, si se trata de un crecimiento cualitativo.

- Un producto no es estratégico sólo en función de su éxito en el mercado. Es preciso que anticipe un nuevo modelo de conexiones, de interlocutores, de comportamientos y de información. Es necesario que proponga valores y que anticipe necesidades, deseos y comportamientos de la gente.

- La estrategia de diseño implica necesariamente una gestión interactiva con todos los factores del proyecto, tanto para ampliar su ámbito de información como para participar de las decisiones de producto. La simple sumatoria de gestiones no configura una gestión estratégica si dichas acciones no integran un mismo sistema de decisiones y de seguimiento del proyecto. La estrategia de diseño se inicia con la elección de un sistema de prioridades que permita conferir al producto una genética particular. La elección de las prioridades será el resultado de una negociación con todos los actores del proyecto.

10.3. Complejidad del escenario

Si el concepto de estrategia existe desde varios siglos a. C., es evidente que su reciente incorporación en las disciplinas de la economía, la tecnología y el diseño no implica, como mencionamos más arriba, la aparición de un nuevo concepto, sino la transformación del contexto en un escenario complejo, globalizado, mutante, con características que, en muchos aspectos, han adquirido la agresividad y los riesgos propios de un conflicto de subsistencia económica.

En lo que se refiere al diseño, el proceso proyectual debe considerar críticamente las ventajas y las dificultades que los cambios tecnológicos y las transformaciones socioculturales plantean tanto en el ámbito local como en el global. Hemos seleccionado algunos de los temas más significativos de este nuevo escenario:

- **Metodología digital**

  La metodología digital permite realizar un análisis exhaustivo de alternativas y de nuevos escenarios, tanto para la evaluación como para la comunicación del producto. A esta información tienen acceso, con distinta profundización técnica, los responsables del diseño y los agentes de la empresa. Estos agentes, independientemente de su grado de conocimiento proyectual, tienen por lo general la posibilidad (ya sea por sus conocimientos o por su ubicación en el organigrama de la empresa) de opinar sobre un nuevo proyecto pero no siempre están capacitados para imaginar y evaluar aquello que, por tratarse de una innovación, no presenta referencias al universo de productos existente. La interacción requerida para el análisis y la evaluación de este nuevo escenario en el que el diseño es parte del negocio, requiere que el diseñador pueda establecer una comunicación de doble vía con los agentes de la empresa, diseñando la comunicación adecuada a sus destinatarios tanto de los aspectos visuales y culturales del producto como de sus variables económicas y de mercado.

La modelización previa del producto para su evaluación en el ámbito de la empresa debe centrarse en los aspectos significativos del proyecto, con los compromisos de diseño imprescindibles, ya que un exceso de tiempo dedicado a intensificar la primera presentación del proyecto puede retrasar el proceso de diseño postergando la detección de aspectos negativos para una etapa en que las correcciones son de difícil solución.

En este sentido, la experiencia industrial tecnológicamente actualizada ha demostrado que los errores que tienen lugar en las fases iniciales de un diseño pueden llegar a ser tan costosas de resolver a posteriori como el fracaso del producto. En este sentido la modelización adecuada facilita prever riesgos irreparables.

- **Homogeneización del producto**

La homogeneización de productos internacionalizados –que también podríamos denominar migratorios– posibilita una mejor sistematización del producto exportable pero, por otra parte, implica una apertura excesiva al diseño migratorio en las regiones con bajo nivel de desarrollo. La importación proveniente de China, por ejemplo, instala artefactos de muy bajo costo, lo que para un país como la Argentina puede significar –aun alcanzando el nivel de equipamiento industrial necesario– una postergación de la reactivación industrial y del diseño local en todos aquellos rubros en los que el precio es el atributo principal del producto.

• **Fragmentación del consumo**
La fragmentación del consumo que la empresa planifica con el fin de acrecentar su mercado mediante la "diferenciación" del producto, crea una presión en la gestión de diseño en el sentido de estimular la frivolidad de la propuesta. En este sentido, debemos recordar que el *marketing* tiene un concepto de la innovación diferente del que sostiene el diseño, por lo que la negociación entre ambas áreas es imprescindible.

• **Ecología del producto**
La diferenciación del producto antes señalada, a través de la producción de opciones de consumo, representa además un conflicto frente a la necesidad social de ejercer un adecuado control sobre el parque total de productos. Este conflicto se complejiza aún más ante la ausencia de sistemas eficaces para la eliminación de los residuos y el control de la polución ambiental. Podríamos decir: no diseñemos ni produzcamos más de lo absolutamente necesario, pero sería imposible conseguirlo.

• **Desmaterialización**
La desmaterialización del producto como resultado de la microelectrónica presenta una tendencia en sentido opuesto a la revalorización de la forma y del lenguaje del producto, aspectos que hacen posible una interfase más humanizada con la complejidad de las prestaciones digitales, asignándole al "cuerpo" del artefacto una mayor participación en la socialización de la tecnología. Este es un problema que el diseño puede resolver.

• Aceleración de los cambios

La aceleración y la imprevisibilidad de los cambios en el escenario del diseño constituyen, sin duda, el factor de mayor incidencia en la complejidad del diagnóstico y la planificación del producto, dado que los riesgos resultantes de una previsión equivocada son cada día mayores. Si bien la investigación de tendencias de evolución y la conformación futura de nuevos escenarios ha adquirido un significativo desarrollo en los últimos años, resulta quizá más estimulante pensar que el diseñador puede capacitar su intuición para proponer modelos de cambio, independientemente de las sugerencias de las encuestas.

11.
Gestión estratégica de diseño

El diseño del producto es sólo una parte de la gestión de diseño a través de la cual se genera el producto

La gestión del proyecto tiene lugar antes, durante y después de las tareas específicas y tradicionales del diseño

La sustentabilidad es imprescindible aun para la supervivencia del sistema económico que la posterga

11. Gestión estratégica de diseño

Utilizaremos los términos:

- *diseño y proyecto,* para definir el conjunto de evaluaciones, decisiones y gestiones referidas a las propiedades materiales e inmateriales del producto y a su contexto: empresa, mercado y sociedad
- *producto,* para referirnos al objeto y o servicio a desarrollar en el proyecto

De acuerdo con la terminología señalada, la tarea específica centrada en la "conformación del producto" es sólo una parte de la gestión a través de la cual se desarrolla el proyecto. Ya hemos definido la estrategia de un proyecto, en el capítulo: "Diseño y estrategia", como la maximización de los recursos humanos, materiales e inmateriales –disponibles y obtenibles– con el fin de alcanzar progresivamente determinados objetivos, dentro de cierto margen de riesgo y de acuerdo con la evaluación del comportamiento presente y futuro del contexto en el cual se habrán de llevar a cabo dichas acciones. Los "recursos" mencionados constituyen la energía del proyecto, los "determinados objetivos" son el resultado de una selección previa de los mismos (en función de su prioridad con respecto al proyecto), el "margen de riesgo" permite limitar el fracaso del proyecto pero también puede limitar su éxito, y la "evaluación adecuada del contexto" está directamente vinculada con la elección y el logro de los objetivos adecuados al proyecto.

En lo que al diseño se refiere:

> *... la calidad estratégica no está relacionada sólo con la profesionalidad proyectual ni con la diferenciación del producto sino, sobre todo, con los valores de significación que aporta el proyecto, con su posibilidad de anticipar nuevos comportamientos y tendencias y con un desarrollo interactivo con la empresa, el mercado y la sociedad.*

Los objetivos mencionados del proyecto se programan por lo general a corto, mediano o largo plazo. Estas metas luego serán implementadas por medio de acciones planificadas y permanentemente ajustadas de acuerdo con las modificaciones que se produzcan tanto en el interior del proyecto como en el ámbito en el que el mismo habrá de instalarse. Pero, además, la definición de estos objetivos forma parte de un proceso más extenso, la "gestión estratégica de diseño", en el cual está comprendida la totalidad de acciones interactivas del diseño con los actores de la empresa y de otras áreas relacionadas directa e indirectamente con el proyecto. Este proceso se desarrolla en determinadas fases que no configuran ni requieren una secuencia lineal, dado que según los casos se producen simultáneamente o se intercalan de manera aleatoria.

Como ya dijimos y se verá más adelante, la gestión de diseño tiene lugar antes, durante y después de las tareas de proyecto tradicionales.

En el curso de este desarrollo, la adecuada amplitud y profundización del contexto a considerar, así como la interacción con todos los interlocutores vinculados al producto, serán requisitos indispensables no sólo para el mejor tratamiento del proyecto, sino también para su calidad estratégica. Por lo tanto, si bien analizaremos las diversas fases de la gestión, tengamos presente que la característica básica de la gestión estratégica aspira a la simultaneidad en la consideración de todos los factores.

El proceso de diseño puede comenzar a partir de una iniciativa de la empresa originada generalmente en una oportunidad detectada en el mercado, o como consecuencia de una propuesta del diseñador que incluya un concepto de innovación y de producto que resulte interesante para la empresa y, por lo tanto un motivo para iniciar la consideración del proyecto. Una fase posterior consiste en el análisis preliminar del proyecto en relación con su contexto, es decir, el ámbito en el cual se producirá el emprendimiento –la empresa– y el espacio en el que luego se instalará –la sociedad y el mercado–. Según los casos, puede resultar oportuno que este análisis se extienda a la evaluación de los recursos profesionales del equipo de diseño, especialmente si la magnitud o la complejidad del proyecto lo justifican.

Este análisis preliminar del proyecto proporcionará la información necesaria sobre los aspectos positivos y las debilidades del mismo, tanto con respecto al mercado como a la estructura operativa de la empresa y del equipo de diseño. Y de la evaluación de esta información dependerá en gran parte la factibilidad de continuar con el proyecto, de acuerdo con las adecuaciones que se estimen convenientes. De ser así, el aspecto fundamental de este análisis preliminar reside en que de él surgirán los objetivos estratégicos que definirán el curso inicial del proyecto y de los que dependerá en gran medida su éxito. Estos objetivos suelen estar dirigidos al producto, al mercado y a la competencia. En los casos en que el proyecto lo requiera, por su magnitud o complejidad, los objetivos también podrán comprender algunos aspectos de la organización empresaria o de reingeniería de sus recursos humanos.

En lo que respecta al proceso de diseño del producto, consideraremos la idea, el concepto de diseño, el sistema de prioridades proyectuales, la reformulación del programa y la presentación del proyecto a la empresa, entre otros aspectos.

Es posible considerar la gestión del proyecto como una red integrada, entre otras, por las siguientes instancias que, como ya mencionamos, no guardan una determinada secuencia y requieren un tratamiento interactivo y simultáneo de todos los aspectos considerados:

- Idea: formulación provisoria del programa de producto
- Análisis preliminar del proyecto con respecto a:
    - la empresa
    - el mercado
    - la sociedad
    - la sustentabilidad del producto
    - la gestión profesional
    - la factibilidad del proyecto
- Objetivos estratégicos del proyecto
    - metas temáticas
    - estructura de los objetivos
- Resultados a obtener y olvidos estratégicos
- Comunicación del proyecto

11.1. Idea

Las ideas de diseño no deben ser adoptadas ni rechazadas sin antes someterlas a un análisis crítico de reflexiones y verificaciones. De esta manera, quedan planteadas como provisorias y aunque no prosperen pueden dar lugar a otras, por analogía o por contraposición. Resulta además beneficioso destacar dentro de la idea inicial, el concepto y eventualmente la prefi-

Gestión del proyecto

idea

programa provisorio de producto

análisis preliminar del proyecto

referidos a la gestión profesional

conocimiento proyectual;
auto-evaluación

evaluación de la factibilidad
económico-financiera del proyecto

diseño sustentable

comunicación del proyecto

recursos humanos:
flexibilidad organizativa

implementación del proyecto

referidos al contexto

la empresa
- misiones
- estrategia institucional y comercial
- política de comunicación corporativa
- sistema de decisiones sobre el producto

el mercado
- productos instalados: evaluación
- posicionamiento del producto
- tendencias de evolución

la sociedad
- necesidades
- nuevos problemas
- tendencias de evolución
- sustentabilidad del producto

factibilidad ↔ **objetivos estratégicos**

comunicación ↔ **diseño**

implementación

Red interactiva de la gestión estratégica

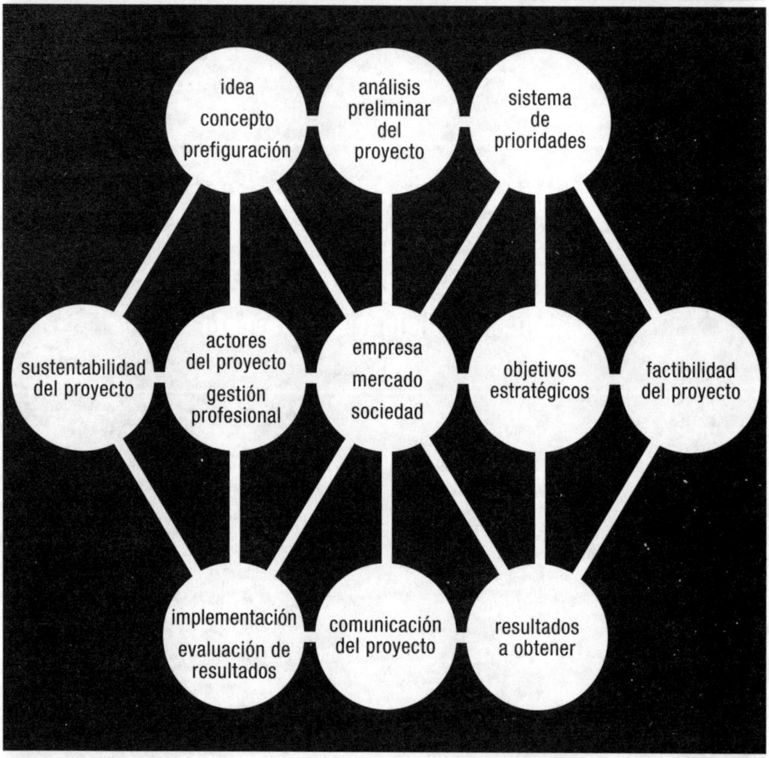

guración del objeto, la que puede o no estar presente. Una vez profundizada la idea inicial resulta imprescindible definir y evaluar el "concepto del producto" especialmente en todos los aspectos priorizados en la propuesta y que por lo tanto la caracterizan.

En la arquitectura, la prefiguración (la imagen previa al diseño del producto) tiene una presencia proyectual mucho mayor que en el diseño de productos debido a la flexibilidad y la extensión de los componentes del proyecto arquitectónico. Prueba de esto es que el reciclaje y el cambio de usos es posible en los edificios y raramente en los artefactos, salvo en los casos que se trate de habitáculos, como los del mobiliario urbano y los de los vehículos.

La prefiguración forma parte del proceso proyectual pero se debería cuidar su incidencia en el "concepto del producto" ya que constituye un pre-diseño y sugiere por lo tanto una solución materializada del concepto. Por otra parte, la prefiguración del producto debe ser críticamente evaluada con el fin de no condicionar prematuramente el contenido visual de la propuesta.

Con respecto a la posterior definición de los objetivos del proyecto, es necesario analizar el grado de innovación de la idea propuesta, es decir, indagar si la idea implica[49]: un rediseño, un cambio sustancial o un cambio de los códigos vigentes.

El hecho de que el concepto que aporta una idea deba ser evaluado con respecto a la intensidad de los cambios que propone, no supone que si la intensidad de innovación del producto es baja la idea debe ser descartada, sino que el diseñador y la empresa deben saber qué grado de innovación están considerando con el fin de implementar adecuadamente las acciones futuras. El mercado incorpora permanentemente diseños que no implican innovación, o que en el caso de aportarla se trata, por lo general, de una diferenciación formal. Sabemos que en el rediseño o en la simple diferenciación antes mencionados, pueden encontrarse diseños calificados, que mejoren otros ya existentes. Pero se trata de diseños que en términos de innovación representan sólo una "alternativa" del producto. De todos modos, lo que pretendemos dejar en claro es que la "valoración objetiva" de la innovación es fundamental para el posicionamiento del producto y la estrategia del proyecto.

En la difusión mediática del diseño y aun en algunos ámbitos académicos, suele presentarse una confu-

49. Cagliano, Raffaella; Simonelli, Giuliano; Verganti, Roberto; Zurlo, Francesco: *Innovare con il Design*. Il Sole 24 Ore, Milán, p. 12.

sión entre la "repetición" y la "innovación". Tanto los críticos como los docentes de diseño y los jurados de concursos no siempre contribuyen a esclarecer la diferencia entre los "méritos de lo mismo y los méritos de lo nuevo". Si bien es cierto que los concursos de diseño convocados por el mercado contribuyen a la difusión de esta actividad, no aportan, por lo general, los criterios necesarios para evaluar en qué medida existe la innovación del producto.

Continuando con el trayecto de la "idea", es necesario señalar que cuando una nueva concepción llega a la empresa requiere una autoría compartida. Si los actores de la empresa en la que se desarrollará el producto no se involucran en el proyecto desde el inicio, las dificultades para llevarlo adelante serán mucho mayores. El diseñador debe ceder paternidad desde el comienzo del proyecto y ubicarse como un coordinador del proceso. Así, podrá tener una mejor participación en las decisiones referidas al diseño y una interacción eficiente con las distintas áreas empresarias.

En lo que se refiere a las primeras comunicaciones de la idea o del concepto de un producto, el mensaje debe ser fácilmente comprensible en los aspectos técnicos, culturales, económicos y comerciales. Por lo tanto, si el concepto requiere un texto extendido será conveniente pasar a textos cada vez más reducidos hasta llegar a la síntesis final en la cual el "concepto del proyecto" permita una transmisión concisa y recordable. Esta síntesis final podrá actuar como la primera "marca interna" del proyecto en el ámbito de su gestación, incluyendo a todos los que participan en su desarrollo. Por el contrario, el mensaje debe ser suficientemente extendido en la descripción del programa de tareas a ser realizadas por las distintas áreas operativas de la empresa, precisando los objetivos, los plazos a cumplir y los responsables de cada tarea.

Por lo general a partir de la idea tiene lugar una etapa en la que se realiza una "formulación provisoria del programa del producto" que consiste en la descripción genérica, tipológica del mismo, sin una asignación estratégica de prioridades a los diversos aspectos que conforman dicho programa. Es decir, se trata de un programa que aún no incluye las intenciones estratégicas de diseño. Este primer relevamiento de aspectos a tener en cuenta permitirá:

- Comenzar la conceptualización del tema específico a resolver y de los diversos aspectos que luego definirán las características innovadoras del producto.
- Conocer la estructura de la empresa:
  - · objetivos institucionales y comerciales
  - · posibilidades económicas y financieras
  - · comunicación corporativa, marcas y posicionamiento en el mercado
- Conocer en términos generales los productos similares del mercado en cuanto a prestaciones tecnológicas, lenguajes, precios, marcas.

Volveremos a tratar este tema más adelante al referirnos al proceso de diseño.

11.2. Análisis preliminar del proyecto con respecto a:

• La empresa

El desarrollo de un nuevo producto debería comenzar por el conocimiento de la empresa en la cual dicha gestión se podría llevar a cabo, con respecto a los siguientes aspectos:

- objetivos históricos (misiones)
- estructura operativa
- sistema de productos (la totalidad de productos

propios y de la competencia y demás objetos relacionados con los mismos)
• posicionamiento institucional en el mercado
• estrategia institucional y comercial a mediano y largo plazo
• marcas y política de comunicación corporativa
• proceso por el cual se toman las decisiones sobre el producto

En muchos casos, detrás de las políticas y procedimientos instalados en una empresa existen creencias fundacionales que por lo general no están explicitadas, y constituyen acuerdos tácitos desconocidos para la casi totalidad de sus miembros. Estos objetivos "históricos", también denominados "misiones", pueden definir con mayor o menor precisión, según los casos, un comportamiento comercial, institucional y un estilo de comunicación. Por otra parte, las "misiones" de una organización representan la mayoría de las veces una sumatoria de los proyectos personales de sus integrantes, sin que los mismos hayan sido discutidos ni consensuados.

No siempre las "misiones" coinciden con políticas formuladas posteriormente. Por lo tanto, es conveniente revisar si estos objetivos fundacionales mantienen su vigencia o si deben ser adaptados a los cambios ocurridos en la sociedad, en el mercado y en la propia gestión. La revisión de estos objetivos históricos ofrece además la excusa para actualizar la estrategia institucional y operativa de la empresa.

Con respecto a la precisión de los resultados de esta tarea de revisión institucional, el Profesor Jorge Etkin afirma: "conviene tener en consideración que las organizaciones funcionan sobre la base de los acuerdos de grupos de interés y de opinión internos y externos. Pero también con las divergencias y las dualidades que surgen de la actividad cotidiana y que en realidad es una combinación de orden y desorden. En lo que se refiere al comportamiento corporativo es necesario considerar no sólo los planes o las misiones de una organización sino también las cambiantes relaciones de poder" [50]. El conocimiento de las relaciones de poder es sin duda una información de gran utilidad para realizar una acción proyectual en una organización, tanto si el equipo de diseño forma parte de la empresa, como si es externo a la misma.

Un nuevo producto implica un proceso de cambio que incide de alguna manera en cada sector de la organización. El área comercial podrá presentar requerimientos con el objeto de que el diseño iguale o mejore los productos existentes en el mercado, pero la mayor parte de las veces lo hará dentro de las tipologías y de los códigos culturales conocidos. Por lo tanto, "la expectativa" del mejoramiento difícilmente defina una innovación sustancial. Imaginar lo que no existe está en el territorio del diseño. Un ejemplo:

> En 1970, en la empresa Buró, dedicada al equipamiento de empresas, el departamento de diseño presentó al área comercial un nuevo sistema de equipamiento de oficinas con estructura tubular de acero cromada. El escritorio poseía una característica particular: debajo de su plano de trabajo tenía sólo una gaveta de plástico y, por la forma de su estructura, no admitía la inclusión de las cajoneras tradicionales. La evaluación unánime realizada por el área de ventas fue que el producto era inapropiado para la oficina y apto quizá para escuelas y hospitales. El escritorio, denominado TB, obtuvo el Primer Premio en un concurso del CIDI (Centro de

50. Etkin, Jorge: *Política, Gobierno y Gerencia de las Organizaciones.* La Gaceta de Ciencias Económicas, Buenos Aires, 20 de agosto de 2000, p. 5.

> Investigación de Diseño Industrial, INTI). Como consecuencia de esta distinción, la evaluación interna de la empresa cambió, el producto se comercializó durante varios años y además dio lugar a un sistema de mobiliario para la vivienda que incluyó piezas como el sillón Rolo, muy bien recibido por la gente hasta el día de hoy.

Los sectores responsables de la economía de la empresa, como ya vimos en otros capítulos, suelen ser reticentes a invertir en un tema cuyos resultados a mediano o a largo plazo presentan el grado de incertidumbre propio de todo nuevo emprendimiento. En consecuencia, los diseñadores deberán extremar la comunicación interna del proyecto en aquellos aspectos relacionados con la inversión y la rentabilidad del proyecto. Tradicionalmente esta información era privativa del área de finanzas de la empresa. En la actualidad, esta tarea debe ser compartida por el equipo de diseño o realizada por él con el fin de comunicar desde el inicio que el proyecto además de una idea de diseño es un emprendimiento factible.

En lo que se refiere al área de la producción, un nuevo producto representa una gestión que se agrega a los problemas de rutina ya conocidos y que implica cambios tecnológicos, de recursos humanos y de parámetros de *performance.*

Por estas razones un nuevo producto que el diseñador considera un aporte indiscutible para los resultados económicos de la empresa, puede enfrentar resistencias por parte de los mismos actores de la organización. Es que por encima de las metas generales, muchas veces priman objetivos de comodidad rutinaria en defensa de la eficiencia de cada sector, los que frente a un nuevo desarrollo seguramente deberían ser reformulados. Con excepción del sector comercial, para cada una de las áreas mencionadas un nuevo producto es un tema que supuestamente queda fuera de su iniciativa y que por otra parte es motivo de dispersión en las tareas habituales.

La comprensión de este proceso interno de la empresa por parte del diseñador, facilita la incorporación de un nuevo diseño siempre que la misma sea realizada a través de una gestión conciliadora con todos los sectores vinculados con el proyecto. Es decir, el equipo de diseño debe propiciar que los actores de la empresa se sientan involucrados en el proyecto y que el proyecto se convierta en una propuesta y en una tarea interactiva. Si la relación de los diseñadores se da únicamente con la Dirección General de la institución, el desarrollo del proyecto puede ser extremadamente conflictivo. Como afirmamos más arriba, en la empresa un nuevo proyecto requiere una autoría compartida, Este proceso se ve facilitado en aquellas organizaciones en las que su modalidad de dirección incluye un "comité de producto" integrado por los responsables de todas sus áreas, y dentro del cual se lleva a cabo la totalidad del "proceso de decisiones sobre el producto" con la responsabilidad operativa a cargo de la dirección de la empresa. De no existir la participación activa de la gerencia general, el comité de producto corre el riesgo de ser inoperante, como suele ocurrir con los comités.

El "sistema de productos" de la empresa que, como ya mencionamos, comprende sus propios productos, los de la competencia, la totalidad de los objetos que integran su logística, comercialización y comunicación, proporcionan la información necesaria para establecer el programa de atributos de un nuevo diseño, tanto en el caso de continuar una modalidad proyectual anterior como en el que se haya decidido transgredir la tipología, el lenguaje o el posicionamiento económico-social existentes. De todos modos, la información que aporta el universo de "lo existente" no debería condicionar las propiedades del producto a diseñar ni actuar como una exigencia ineludible de diferenciación. El universo ya instalado es una información que debe ser tenida en cuenta, pero como un dato más en el proceso de diseño.

En todos los casos, pero sobre todo en los que la idea de un nuevo producto se origina a partir de una propuesta del diseñador (dentro o fuera de la estructura de la empresa), el planteo de la innovación debe ser lo suficientemente abarcador como para dejar en claro: los valores socioculturales y tecnológicos del producto, la sustentabilidad del producto y el posicionamiento con respecto a la competencia.

La participación global e interactiva en la gestación del proyecto permite coordinar y encuadrar las primeras evaluaciones de los diversos agentes de la empresa, facilitando luego la comprensión del mismo por parte del cuerpo directivo.

• El mercado

La utilidad económica de la empresa es el resultado de la interfase entre su sistema interno y el contexto externo, integrado por el mercado y la sociedad. Por lo tanto, toda acción de la empresa debe estar relacionada con las características del contexto y de sus tendencias de evolución. Es decir, referida a lo que es el contexto y a lo que podría ser en un futuro cercano. El mayor nivel de poder adquisitivo dirigido al consumo está concentrado en el mercado. Sin embargo, entre mercado y sociedad, considerados como componentes de un mismo sistema, se establecen conexiones, superposiciones de requerimientos y de tendencias de evolución.

Cada vez resulta más evidente que ninguna empresa puede ser exitosa sin ser al mismo tiempo socialmente creíble. Los valores sociales y ambientales no deberían constituir sólo manifestaciones de la empresa hacia la comunidad como "expresión de una actitud solidaria" o de una" estrategia de relaciones públicas".

Independientemente de la convicción con la que la comunidad pueda recibir la "actitud solidaria", la vigencia de la preservación ambiental resulta imprescindible para la supervivencia misma del sistema económico. Dentro de este encuadre contradictorio entre las necesidades de la sociedad y las conveniencias del mercado, el diseñador debe analizar los objetivos del proyecto distinguiendo los requerimientos inducidos por el *marketing*, de aquellos que surgen de la gente. Es posible que el diseñador no pueda cambiar objetivos empresarios con los cuales no esté de acuerdo, pero no deja de ser parte de su responsabilidad intentarlo, ya que para eso ha sido capacitado. Y la manera de intentarlo, es quizá comprendiendo el punto de vista de los actores de la empresa, coincidiendo, disintiendo, negociando y acordando un nuevo resultado.

Si bien en varias oportunidades hemos hecho hincapié en la evaluación del mercado con respecto a los productos ya instalados y con los cuales deberá competir un nuevo proyecto, comentaremos ahora ciertos procedimientos que facilitan un análisis mensurable de los productos de la competencia. Esta evaluación –que hemos denominado "contradiseño"– puede estar dirigida a los aspectos que en cada caso se consideren más relevantes para las decisiones a tomar: posicionamiento en el mercado, prestaciones tecnológicas, lenguaje, innovación, precio, marca, entre otros temas que mencionamos más adelante. La profundidad y la precisión de este estudio de mercado guardará relación con los riesgos inherentes al proyecto. Según los casos, podrá ser conveniente realizar tal estudio en dos etapas: una fase preliminar dirigida a los aspectos más significativos del producto con el fin de decidir la factibilidad de su desarrollo, y otra etapa posterior destinada al ajuste de la totalidad de los objetivos previamente formulados.

Contradiseño

Una manera de organizar la información preliminar consiste en construir "mapas" en los cuales los productos analizados son ubicados y valorizados gráficamente en función de pares de valores (abscisas y ordenadas) tales como:

- prestaciones tecnológicas y costos
- prestaciones tecnológicas y significación
- niveles de calidad y costos
- marcas y precios
- precios e innovación (tecnológica y de significación)

Otros aspectos a ser considerados son:

- diseño sustentable
- garantías del producto
- mantenimiento técnico
- nivel percibido de calidad
- cumplimiento de normativas técnicas

En cada gráfico podrán aparecer superposiciones tanto de los elementos ya existentes como de éstos con el nuevo producto. Asimismo, es posible que surjan espacios vacíos que merezcan una especial consideración en cuanto a las razones de su existencia y en lo referente a las posibilidades de detectar aspectos no atendidos del producto.

La ubicación de un producto en cada una de las dos variables del gráfico puede realizarse con respecto a tres, cuatro o más graduaciones de medición.

En el ejemplo que incluimos en la ilustración de la página siguiente se presenta el caso de un análisis de productos del mercado en el que los mismos se ubican en una escala de "innovación de

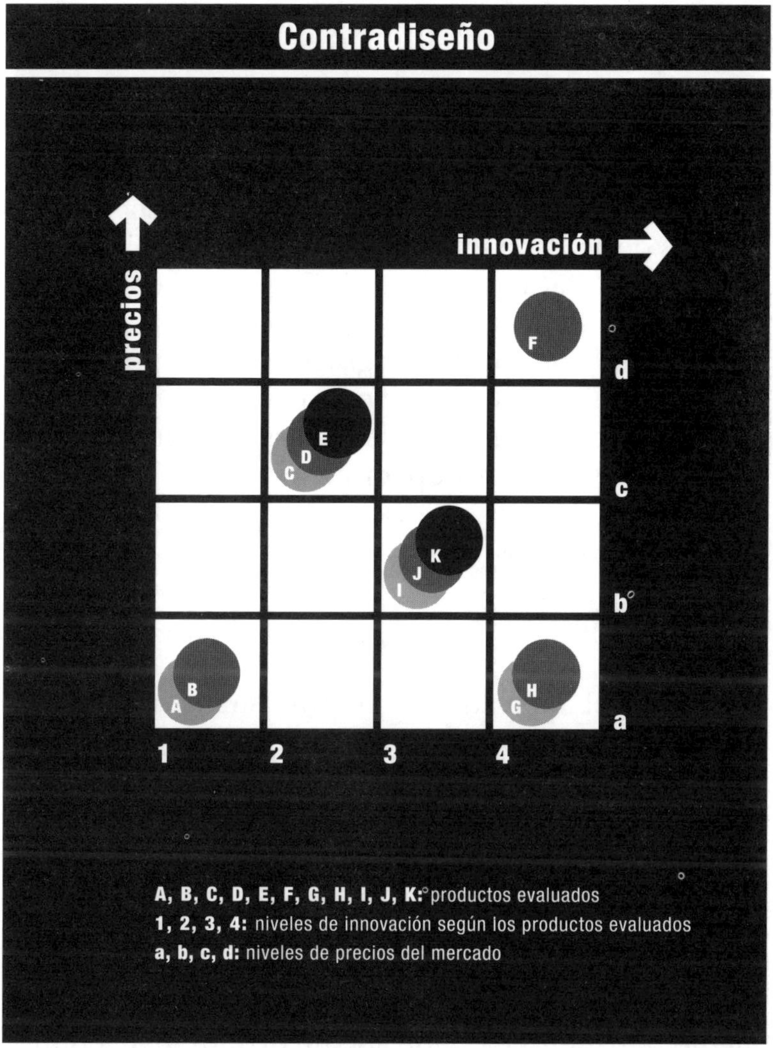

producto" en las abscisas y "precio", en las ordenadas, entendiendo por innovación el conjunto de propiedades tecnológicas y de significación del producto. Con el fin de valorizar estas propiedades de "innovación" se han previsto, en este caso, cuatro graduaciones, como puede verse en el gráfico.

Como ya dijimos, estos diagramas permiten un mejor conocimiento de los espacios proyectuales ocupados con mayor densidad y de los espacios libres del mercado para determinada tipología de diseño. En esta indagación sobre los atributos y las deficiencias de un producto con referencia a los de la competencia, es oportuno señalar que la ventaja de un atributo del diseño dependerá, sobre todo, de su barrera tecnológica. Es decir, de la dificultad que dicha propiedad implique para el acceso de la competencia a los niveles de innovación que presenta el nuevo producto. Dado que la legislación para proteger el diseño ha resultado poco eficiente, tanto en la Argentina como en el escenario internacional, las empresas líderes optan generalmente por actualizar o renovar sus diseños en períodos no mayores a dos años.

• La sociedad

Así como el mercado es un subsistema del sistema social con límites permeables y en constante transformación, los sectores sociales con bajos niveles de consumo y en muchos casos marginados de los objetivos de la empresa, representan un campo de investigación de nuevos problemas de diseño o de problemas tradicionales no resueltos. Estos temas, no instalados suficientemente en las tendencias del mercado, pueden llegar a constituir una demanda significativa en la medida en que el Estado los incorpore a su política social y que, al mismo tiempo, el desarrollo económico nos acerque a materializar el "derecho al bienestar".

En lo que al diseño se refiere, no es difícil constatar que cuanto mayor es el desarrollo de la tecnología su absorción por parte de la estructura social resulta mucho más compleja debido a la creciente dificultad de producir una transferencia de las prestaciones tecnológicas a una sociedad que debió absorber en poco tiempo la globalización y una individualización reactiva, la integración y la diferenciación simultáneas de las metrópolis, la licuación de valores y los nuevos códigos de la economía electrónica.

Un sociólogo francés, Bruno Latour[51], plantea una interpretación muy particular y sugerente con respecto a la interacción entre la tecnología, los objetos y la sociedad. En esta interacción y cruzamiento, Latour detecta la conformación de un ámbito que, superando los territorios tradicionales de la sociedad, los engloba generando una nueva pertenencia compartida que denomina "ámbito colectivo" definiéndola como el intercambio de propiedades humanas y no humanas en el seno de una corporación, es decir, una hibridación sociotécnica de la sociedad y el mundo artificial. Este autor es aun más drástico en su concepción del "colectivo" cuando afirma que "en el nuevo paradigma emergente hemos sustituido mediante la denominación de colectivo la palabra sociedad, tan desgastada por sus múltiples connotaciones". También expresa: "En efecto, la sociedad es algo construido pero no algo socialmente construido. Durante millones de años los humanos han extendido el radio de sus relaciones sociales a otros actuantes (no humanos) con los cuales, o con quienes, han intercambiado muchas propiedades y con los que, o con quien, han formado colectivos". Este enfoque sociológico considera el accionar del universo artificial dentro del ámbito colectivo como algo tan trascendente que recomienda "buscar a no humanos cuando la emergencia de una característica social sea inexplicable y evaluar el estado de las relaciones sociales cuando un nuevo e inexplicable tipo de objeto pase a formar parte del colectivo". A su vez, este nuevo estado social, por su movilidad y su ambivalencia humano-artificial ha implicado una complejidad creciente en el proceso de articular y dar sentido a la red de relaciones

51. Latour, Bruno: *La esperanza de Pandora*. Gedisa, Barcelona, 2001, p. 231.

entre las cosas –los objetos técnicos– y la gente. En este proceso intersubjetivo, la técnica –actuando tanto desde el objeto como desde el sujeto– adquiere significados mediante un tipo muy especial de articulación que comprende innumerables etapas de traducción, transferencia y delegación de objetivos, desde el diseñador hasta el objeto artificial a través de la red de actores vinculados al proyecto. Si por un momento consideramos el diseño como una "delegación de metas técnicas y sociales en las entidades artificiales que crea", el accionar de los objetos en la construcción social se torna más evidente, asumiendo su protagonismo como mediador entre los "actores (diseñadores) ya ausentes" por un lado, y los usuarios y observadores ocasionales, por el otro, en un proceso hasta ahora poco conocido en el que los objetos se comportan como "sujetos por delegación".

La relación entre las cosas y la gente en el escenario "colectivo" plantea sin duda la posibilidad de que estemos abordando un fenómeno social poco conocido y consecuentemente un nuevo desafío para el diseño.

• La sustentabilidad del producto

Como mencionamos en varios capítulos de esta obra, la sustentabilidad del producto se ha convertido en una condición insoslayable para la responsabilidad social tanto del diseño como de la empresa. Asimismo, es cada vez más necesaria para la supervivencia del mismo sistema económico y la credibilidad del negocio. Cabe aclarar que no es mucho lo que en este sentido pueda hacerse en forma individual, pero el tema debería formar parte de la agenda de cada nuevo proyecto. Es muy probable que en un corto período de tiempo el mercado aumente su presión –todavía muy esporádica– en esta misma dirección. En el capítulo 4, "Nuevos escenarios para el diseño" hemos analizado el diseño sustentable con mayor detalle.

• La gestión profesional

La capacidad profesional de un estudio de diseño no sólo depende de sus conocimientos y aptitudes proyectuales, sino también de una capacitación en otras áreas, ya que para incorporar a la empresa un nuevo proyecto es necesaria una comunicación global del producto. Esta comunicación versará sobre aspectos como: los objetivos técnicos y culturales del diseño, el grado de innovación de la propuesta, la factibilidad de mercado, la factibilidad económica y tecnológica, el ciclo de vida del producto (en función de sus barreras tecnológicas), y la planificación del proyecto. Además, una vez incorporado éste al área empresaria, es previsible que los agentes y consultores de *marketing*, de gerenciamiento estratégico, de logística y de publicidad incursionen en las decisiones de diseño. Y con ellos, el estudio tendrá que interactuar y negociar. De todos modos, independientemente de las distintas especializaciones que conforman un estudio de diseño, la actividad proyectual debe constituir el pivote de la estructura operativa en torno del cual se conecten las habilidades de todos los integrantes de la empresa: de proyecto, de comunicación, de producción, de planificación y de administración. Esta integración constituye, sin duda, un atributo de suma importancia para enfrentar los cambios que un proyecto estratégico implica. Más allá de una gestión que coordine áreas especializadas, se requiere que estas áreas estén capacitadas para interactuar, unirse o intercambiarse con respecto a los objetivos que en distintas etapas del proyecto puedan considerarse prioritarios. Es decir, la estructura profesional requiere flexibilidad. Las áreas pueden estar a cargo de tareas específicas pero sus integrantes deberán capacitarse para actuar, con mayor o menor participación, en todas ellas. Por otra parte, esta interacción flexible permite mejorar el quehacer y el desarrollo de cada una de las áreas. En este sentido, podemos agregar que la garantía de una flexibilidad organizativa eficiente reside especialmente en la adhesión por parte de los distintos sectores (técnicos, productivos, proyectuales, administrativos y comerciales) a los objetivos centrales que el equipo profesional defina para cada proyecto a realizar. Asegurar esta adhesión supone un trabajo de esclarecimiento interno, programado y de realización periódica.

En el campo específico de la capacitación creativa, resulta sumamente riesgoso limitarse a la "auto evaluación". Por ello, es recomendable que el equipo conozca sus capacidades proyectuales, examinadas en relación con aquellas que eventualmente podrían constituir su competencia, y que los niveles profesionales de la propia organización no constituyan un techo para el crecimiento de la gestión de diseño del equipo. Los integrantes de un estudio podrán realizar las tareas que se autoasignen pero siempre y cuando las cumplan en el nivel requerido por el proyecto.

En el caso de que la unidad de diseño forme parte de la estructura de una corporación, es factible que se presenten las siguientes situaciones: que el departamento de diseño dependa de la dirección general o que reporte a un área intermedia (de *marketing* o de comercialización). Esta segunda alternativa implica serios riesgos para la política de diseño, en tanto prioriza sólo una parte de las variables proyectuales: las comerciales. La situación más adecuada para el área de diseño es reportar a la dirección general o a "una gerencia de producto" directamente vinculada a la anterior.

Si bien los diseñadores suelen caer en la tentación de imaginar necesidades o escenarios sin considerar una verificación de su factibilidad en el mercado, también es oportuno señalar que las necesidades del mercado deben ser analizadas críticamente ya que en este ámbito los requerimientos sociales y culturales están entrecruzados con necesidades inducidas o creadas por el mismo mercado. Según los expertos del *marketing*, en el mercado no hay realidades sino percepciones que muchas veces son presentadas como parte integrante de un escenario seductor sólo accesible a través del consumo.

En resumen, los requerimientos y los posibles escenarios del mercado deben ser verificados y evaluados más allá de los protocolos del *marketing*.

• La factibilidad del proyecto

Como resultado de los problemas, las contradicciones y la incertidumbre de los aspectos tratados más arriba, podrán estimarse las posibilidades de éxito del proyecto, así como los riesgos involucrados en diversas alternativas de desarrollo.

Cuanto mayor sea el nivel tecnológico de la innovación del proyecto, menos incidencia presentarán las oportunidades compartidas con otros actores del mercado. En consecuencia, tanto los beneficios como los riesgos de un fracaso potencial del proyecto podrán ser significativos Es decir que cuantitativamente el éxito y los riesgos crecen juntos.

En el caso de un nuevo producto sin antecedentes suficientes en el mercado, será prudente investigar (o verificar) la demanda, sin olvidar que en estas investigaciones la opinión de los encuestados estará limitada por el universo de productos ya existentes y difícilmente les será posible opinar sobre lo que no pueden imaginar. Independientemente de los aspectos evaluados del proyecto y de su contexto, el diseñador deberá prever las acciones que los otros actores del mercado podrían realizar como parte de sus propios desarrollos o como respuesta a la aparición de un nuevo proyecto. En este proceso sumamente complejo, es necesario que el autor del proyecto no anteponga la tendencia a imaginar las acciones de los otros en la medida en que resulten más convenientes a su propia gestión.

Desde la óptica de la economía, la factibilidad de un proyecto será evaluada de acuerdo con los objetivos específicos del emprendimiento, pero también con respecto a la utilidad económica comparada con otras inversiones similares o simplemente financieras.

11.3. Objetivos estratégicos del proyecto

En el capítulo anterior, hemos analizado los conceptos que definen la estrategia y algunas "etiquetas estratégicas" frecuentemente usadas. También dijimos que un objetivo es estratégico cuando está dirigido a acceder, en etapas intermedias, a nuevos productos, tecnologías o mercados. Es decir cuando configura un crecimiento cualitativo.

La formulación de los objetivos del proyecto será considerada en dos encuadres:

- el referido a los aspectos o temas a los que están dirigidos, es decir, las "metas temáticas" y
- el que intenta definir la modalidad de formulación más adecuada de dichas metas. A este segundo encuadre lo denominaremos" estructura de los objetivos"

Por lo tanto, la formulación de los objetivos estratégicos debe responder a los dos aspectos mencionados: cubrir todos los temas involucrados en el proyecto y utilizar una formulación, adecuada a las exigencias de un desarrollo estratégico.

• Metas temáticas

Estas metas determinan los resultados a ser alcanzados por el proyecto o por el producto con respecto al mercado en general, al segmento del mercado en particular y a los productos de la competencia, en el corto, mediano y largo plazo, previendo alternativas y riesgos en función de las transformaciones posibles del contexto. En términos generales, es posible afirmar que dichos objetivos deben formularse con respecto a los siguientes temas:

- **Marca del producto y comunicación institucional de la empresa**
  Puede tratarse de una marca existente relacionada directa o indirectamente con el producto o de una marca a crear. En el primer caso prevalece la incidencia de la marca sobre el producto ya que una marca constituye, como ya hemos mencionado anteriormente, un pre-juicio –negativo o positivo– y una expectativa sobre el producto. En el segundo caso la identidad del diseño y de la empresa así como el mercado al cual estará dirigido el producto guardan relación sustancial con la marca a crear. En términos generales podemos afirmar que independientemente de su calidad de diseño el producto requiere el soporte de la marca y de la comunicación adecuadas. En nuestra opinión la comunicación juega un papel tan importante o más que el del producto.

- **Grado de significación**
  Es el valor "inmaterial" que será transmitido por el lenguaje del producto y por la comunicación de la empresa. Este valor define la calidad cultural del producto y tienen una sustancial incidencia en la relación del mismo con la gente y, por lo tanto, con su posicionamiento en el mercado.

- **Propiedades "materiales" del producto**
  De sustentabilidad, de uso, de calidad, de los atri-

butos formales, de mantenimiento, de costo. Y las prestaciones tecnológicas en especial.

- **Barreras tecnológicas y de diseño**

Estas barreras expresan niveles tecnológicos o productivos que dificultan el acceso a determinadas propiedades del producto por parte de la competencia o retardan suficientemente dicho acceso.

- **Ciclo de vida**

Las etapas que definen la permanencia más o menos activa de un producto en el mercado dependen de las barreras tecnológicas, de las prestaciones innovadoras del proyecto y de las tendencias de evolución de la tipología del producto.

- **Segmento del mercado seleccionado para el proyecto**

Este objetivo debe ser definido sin la influencia de aspiraciones emocionales o volitivas, teniendo en cuenta las propiedades del producto, su marca, su costo, así como la demanda específica (material, inmaterial y de costo) del segmento elegido.

- **Participación porcentual prevista del producto**

De producción o facturación, en el o los segmentos seleccionados.

- **Sistema de comercialización y de servicios de venta y posventa**

Este sistema debe estar diseñado como una parte del producto, tanto en sus componentes materiales (exposiciones, exhibidores, vehículos, papelería, vestimenta, etc.) como en sus procesos y servicios.

- **Tecnología, producción y distribución del producto**

- **Alternativas de expansión**

De existir previsiones de crecimiento o fusiones, las mismas deberían contar con los espacios necesarios en el sistema del proyecto desde el inicio del mismo, con el fin de evitar cambios profundos en pleno desarrollo del proyecto.

- **Estructura de los objetivos**

- **Descripción precisa**

Un objetivo estratégico debe describir con la mayor precisión posible los requerimientos a cubrir –sin adjetivaciones– y ser comprensible para todos los actores que participen en el desarrollo del proyecto. Esta circunstancia facilitará la interacción de dichos actores mediante instrucciones dirigidas a metas reconocibles. Es sumamente difícil alcanzar un objetivo deficientemente definido.

Con respecto a la amplitud del campo abarcado por un objetivo, una meta excesivamente generalizada puede implicar un menor riesgo –debido al menor compromiso que implica– pero seguramente a costa de su agilidad y de su capacidad innovadora. Además de la excesiva generalización de la meta crea una incertidumbre riesgosa para la elección de caminos alternativos. El campo específico y prioritario del proyecto debe ser debidamente señalado.

En el caso de que la falta de claridad del objetivo sea el resultado de una redacción inadecuada, esta dificultad podrá subsanarse fácilmente, pero si responde a una indefinición conceptual será necesario revisar los contenidos inicialmente propuestos y las valoraciones de los mismos.

Implementar un proceso de retroalimentación resulta indispensable para el seguimiento de las distintas acciones que se llevan a cabo, permitiendo una comunicación ininterrumpida con todos los actores relacionados con el proyecto.

• Meta final y etapas intermedias

Un objetivo estratégico está conformado, en términos generales, por dos o más secuencias.

La meta final se alcanza en etapas intermedias (tácticas) que permiten utilizar los recursos propios de manera gradual, de acuerdo con las prioridades accesibles en cada oportunidad. Es muy difícil que una meta final pueda ser alcanzada en una sola acción. Para cada una de estas etapas intermedias, habrá que seleccionar los acciones y los objetivos que se consideren más adecuados a los recursos, a los riesgos y a los tiempos del proyecto. Una buena "idea" no es por sí misma un objetivo estratégico, sino una parte del mismo.

• Contexto ampliado

La definición del objetivo debería ser el resultado de una etapa previa en la que se analice con la mayor amplitud posible el contexto del proyecto aun fuera del territorio proyectual específico. Incluso entre dos tipologías diferentes de productos es posible detectar similitudes de materiales, de tecnologías o de lenguaje. Más aún, el contexto ampliado puede aportar información sobre tendencias y comportamientos de la gente que todavía no son aparentes en un ámbito más reducido.

Una vez consideradas las posibles vinculaciones dentro del espectro global mencionado y en función de estas conclusiones, el objetivo debería definir su campo de acción en metas concretas, acotadas y claramente enunciadas. Es decir, de un contexto ampliado debemos pasar a la síntesis de las metas a alcanzar en los diversos aspectos del proyecto. Fijar el límite de los contextos a considerar es una tarea compleja pero inevitable para una mejor comprensión del problema a resolver.

• Sistema de prioridades

Como mencionamos en el apartado anterior, tanto un proyecto como un proceso de diseño requieren que cada uno de sus objetivos sea seleccionado y valorizado mediante un sistema de prioridades. De lo contrario, se corre el riesgo de que ninguno de esos objetivos alcance el nivel deseado debido a que los recursos materiales y creadores disponibles tienen un límite, y su dispersión resta recursos a las metas más significativas del proyecto. Por otra parte, la innovación casi siempre implica la postergación o anulación de algunos de los atributos –olvidos estratégicos–, así como la revalorización o inclusión de otros. De esta manera, el sistema de prioridades configura la primera definición estratégica de un proceso de diseño y da lugar a la definición de objetivos "posibles". Estos objetivos –definidos como resultado de aplicar al programa de diseño un criterio de prioridades– raramente son los óptimos para cada uno de los aspectos considerados, aunque sí pueden serlo para la globalidad del proyecto.

• Riesgo previsto

Todo objetivo debe estar relacionado con el riesgo potencial que se le ha asignado al proyecto. Como ya señalamos más arriba, cuanto mayor es el costo de implementar un producto en el mercado, con las consiguientes barreras tecnológicas, mayor será la posibilidad de éxito del proyecto y mayor será también el costo de un fracaso, debido a los recursos invertidos. Es decir, el éxito y el riesgo de un proyecto, por lo general, se presentan en dimensiones similares.

• **Flexibilidad**

Tanto la meta final como cada una de las etapas intermedias del proyecto debe ser periódicamente revisada con respecto a las modificaciones del mercado, a la actividad de la competencia y a los recursos programados, en un proceso interactivo en el que participen la totalidad de las áreas involucradas. Por lo tanto, el objetivo estratégico debe tener la flexibilidad requerida para facilitar las posibles adecuaciones a las características del contexto, sin ser errático. Esta flexibilidad debería graduarse de manera que permita mantener los valores representativos del proyecto en las diversas alternativas previstas y con respecto a "umbrales" mínimos previamente determinados. De esta manera, será posible proteger lo específico del proyecto frente a la incertidumbre de su proceso de materialización.

• **Presentación interna del proyecto**

Desde el comienzo del proyecto es conveniente asignarle un nombre, aunque se trate de un nombre o una marca provisorios. Esto facilita que todos los participantes del mismo se identifiquen con la gestión y que la "marca" actúe como una energía adicional en la actividad del equipo. El lanzamiento del producto debe estar programado con la antelación necesaria para asegurar que todos los integrantes del sistema (producto-gráfica, difusión y logística) aporten un desarrollo planificado de las etapas requeridas por las diversas disciplinas que intervienen en el desarrollo del proyecto.

11.4. Resultados a obtener y olvidos estratégicos

Por lo general, gran parte de los requerimientos de diseño originados en la empresa y correspondientes a una determinada tipología de productos representan situaciones y características de diseño ya instaladas en el mercado. Es decir, constituyen lo que podríamos denominar un paquete de "objetivos socializados". Estos objetivos de diseño a pesar de ser genéricos están además relacionados con las metas que la empresa ha programado para su posicionamiento en el mercado, para su propia trayectoria institucional y de acuerdo con los recursos humanos y materiales de que dispone.

Cuando el diseñador, luego de la investigación del tema, reformula su propio programa de diseño, seleccionando, suprimiendo, agregando objetivos y asignando a cada uno de los requerimientos seleccionados una prioridad y una intención particular, comienza a conformarse la identidad del producto. Son precisamente estos objetivos reformulados de acuerdo a un "sistema de prioridades" los que configurarán la estrategia de diseño y, por lo tanto, deben estar concentrados en los aspectos más significativos del producto. Si bien todos los objetivos de un proyecto merecen ser tenidos en cuenta, el nuevo orden de prioridades que implica la reformulación de los mismos tiene como fin la concentración proyectual y de los recursos empresarios disponibles, en aquellos aspectos que definen el núcleo específico y distintivo del nuevo producto. Este "sistema de prioridades" no siempre permite obtener lo óptimo, pero facilita, en cambio, alcanzar lo posible. Podríamos afirmar que en el diseño más que responder a todos los requerimientos, es deseable ofrecer buenas propuestas para algunos de ellos.

La reformulación de los objetivos estratégicos parte del análisis de cada uno de los problemas a resolver y, sobre todo, de aquellos relacionados con el uso, la tecnología y la significación del producto. En el caso de tipologías ya existentes en el mercado, estos problemas tienden a adquirir una descripción que representa las soluciones ya instaladas, reproduciendo programas de diseño ya existentes. En la medida en que estas descripciones "socializadas" sean excesivamente respetadas, la innovación podrá resultar restringida ya que arranca desde un concepto "prestado" por el mercado. Es por ello que consideramos necesario que la tipología del producto en estudio sea analizada, como ya mencionamos, investigando la estructura relacional que subyace en la base de sus funciones técnico-culturales. Es decir, tratando de formular una descripción despojada de la influencia de las soluciones existentes o, dicho de otra manera, una nueva descripción de los problemas –de los problemas que están detrás de los requerimientos planteados por el programa del producto– que permita que el proceso de diseño comience descontaminado de las configuraciones ya instaladas y, por lo tanto, con mejores posibilidades de llegar a una propuesta de cambio en los aspectos más profundos del producto. Por ello, se trata de declinar la "función socializada" buscando conceptos con un mayor nivel de abstracción. Por ejemplo, pasando de "vehículo" a "transporte" y de "transporte" a "movilidad", es decir, pasando de la variedad a la especie, y de ésta al género.

En el caso de los relojes Swatch, la reformulación total de los objetivos del producto se produjo en el trayecto de "objeto de estatus económico", a "objeto de estatus cultural" y finalmente a "código emocional". Un código en el que la información horaria pierde protagonismo anticipando además el servicio casi inadvertido de la hora provista por los teléfonos celulares.

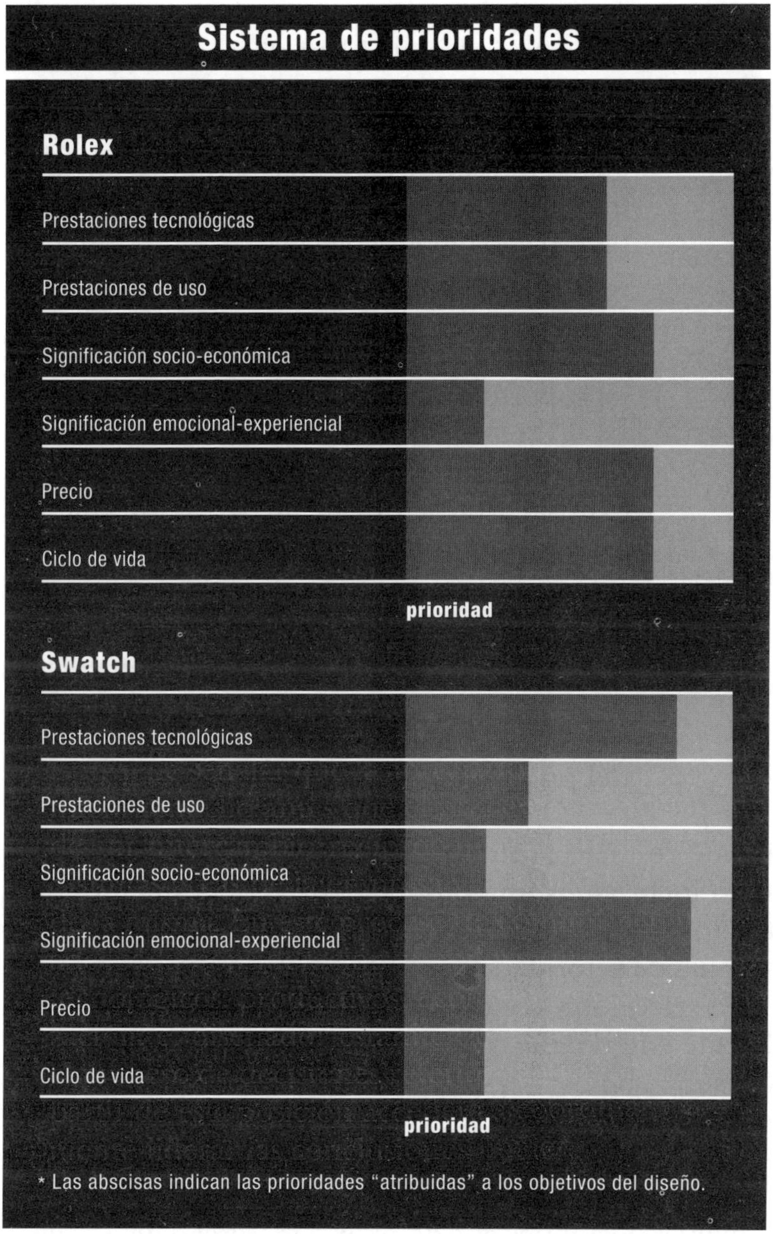

En un trabajo realizado en 1987 por alumnos de la carrera de Diseño Industrial de la Facultad de Arquitectura y Urbanismo de la UBA sobre el tema "Relojes (analógicos) para ámbitos públicos: aeropuertos, estaciones ferroviarias, hospitales, etc.", se solicitó una "reformulación conceptual" del tema previa al proceso de diseño. Uno de los equipos describió el problema a resolver en el necesario nivel de abstracción, como "una información percibible en un espacio de uso colectivo". Como respuesta a esta formulación, el reloj diseñado consistió en un artefacto para proyectar la hora. El resto de los trabajos presentados quedó "pegado" a los soportes o al desplazamiento del producto.

En otra dimensión, una fábrica suiza de relojes en quiebra pudo convertirse en una exitosa productora de marcapasos cuando una consultora le informó que su capacitación industrial genérica más "atrás" de la relojería era la miniaturización.

En los casos analizados, la concepción de la respuesta se produjo a partir de la definición del "sentido" profundo, subyacente, del problema.

Puede resultar contradictorio que en el proceso de diseño incluyamos una búsqueda de requerimientos abstractos y genéricos del producto y, por otra parte, un sistema de prioridades que defina una estrategia basada en la selección y concentración de objetivos específicos. Es que entendemos que la comprensión de los conceptos subyacentes y despojados de soluciones permite un punto de partida con menor contaminación figurativa y, en consecuencia, una mayor libertad de innovación. En una dirección opuesta, el "concepto de diseño" implica tomar las decisiones que definen la identidad del producto: qué propone, en qué se concentra y qué omite con el fin de establecer una relación "significativa" con la gente.

Se trata de un proceso proyectual con direcciones divergentes en el cual por una parte se profundiza el concepto en la abstracción y por la otra, se concentra el diseño en la priorización de lo específico.

El programa de diseño reformulado en los términos que hemos analizado, mediante la selección de objetivos prioritarios, es por lo tanto el programa con el que se intentará llevar a cabo el proyecto y estará conformado por una minuciosa descripción de los "resultados específicos a obtener" en cada uno de los objetivos del proyecto: funcionales, ergonómicos, tecnológicos, de sustentabilidad, de costo, de comercialización, legales, de significación[52]. Esta descripción pormenorizada, no de necesidaes o de requerimientos sino de resultados específicos de cada objetivo estratégico, definidos detalladamente, facilitará el trabajo en equipo y una delegación de tareas permitiendo además una evalua-

---

52. • Objetivos del programa de diseño

Operativos o de uso:

• Prestaciones de uso específicas del producto y opcionales
  - ergonómicos
  - de movilidad
  - de sistematización
  - de mantenimiento
  - de resistencia y estabilidad
  - de seguridad

De producción:

• Prestaciones tecnológicas
  - de matricería
  - de equipamiento para la producción
  - de almacenamiento, embalaje y transporte
  - de costo de producción

De comercialización:
  - de marca
  - de precio
  - de sistema de comercialización
  - de exhibición e identificación del producto

Éticos y legales:
  - ciclo de vida del producto
  - diseño sustentable
  - implicaciones legales

De lenguaje de producto:
  - de significación
  - de información (con respecto a la operatividad del producto)
  - de simbología (con respecto al contexto cultural)
  - estéticos

Se han resaltado los objetivos que consideramos prioritarios en la estrategia del producto.

ción más eficiente del proceso de diseño en cada una de sus etapas. Cuando hablamos de "resultados a obtener" nos referimos a descripciones particularizadas en contraposición al alcance holístico de las funciones. Ayuda más a diseñar el hecho de responder al "resultado concreto de hacer astillas" de un hacha, que a la "función de cortar árboles".

Además, en términos más generales, creemos que el sistema de prioridades y de resultados a obtener que hemos señalado puede constituir la base de una teoría del proyecto –de la que actualmente carecemos– ya que permite objetivizar y sistematizar los diversos mecanismos que intervienen en las decisiones sobre el producto.

Es importante destacar que dentro de las relatividades del proceso de diseño, el programa debe ser utilizado sólo como un referente, ya que en el curso del mismo podrán surgir nuevos encuadres de los problemas y consecuentemente, nuevos sistemas de prioridades que incidan sobre los factores del proyecto, configurando la modificación de los objetivos de diseño originales. Por otra parte, la clave de una adecuada estrategia proyectual se inicia en la manera en que puedan ser descriptos los problemas a resolver, ya que estos –salvo que sean triviales– por lo general no son susceptibles de una formulación clara[53] y en muchos casos resulta nece-

53. Horst Rittel, Profesor de la *Hochschule fur Gestaltung* de Ulm, publicó en 1960 su teoría sobre los problemas indeterminados o maliciosos *(wicked problems)* definiéndolos como "aquellos problemas sociales que están mal formulados, en los cuales la información es confusa y coexisten muchos clientes y decididores con valores conflictivos y en los cuales sus ramificaciones en el sistema global son profundamente ambiguas".

Buchanan, Richard: *Wicked problems in design thinking*, en: *The Idea of Design*. Cambridge, Massachusets, MIT Press, 1995.

Rittel asigna a estos problemas determinadas propiedades que podemos resumir de la siguiente manera:

- Los problemas "indeterminados" no tienen una formulación encuadrada dentro de ciertos límites, pero cualquier formulación de un problema de este tipo corresponde a la formulación de una solución.
- Las soluciones a estos problemas no son ni verdaderas ni falsas, sino buenas o malas.
- La solución a un problema de este tipo no puede ser sometida a una verificación cierta.
- Cada problema "malicioso" constituye el síntoma de un problema de nivel superior.

sario arriesgar la descripción del problema, aun asumiendo su carácter provisorio. En otras palabras, al no ser posible establecer adecuadamente las condicionantes y los límites de un problema, una solución proyectual puede constituirse en una definición (recortada pero aceptable) de dicho problema, sobre todo si se trata de temas sociales y ambientales de alta complejidad sistémica y sujetos a intereses conflictivos.

• **Olvidos estratégicos**

Cuando nos referimos a la selección de los objetivos estratégicos estamos también incluyendo aspectos cuya importancia ha sido minimizada o que han sido descartados, a pesar de formar parte de funciones propias de productos existentes. Analizando productos que han sido consagrados como innovadores, comentaremos ejemplos de estas omisiones que hemos denominado "olvidos estratégicos"

> En el asiento BKF que responde sin duda a la tipología de un "sillón" por las posiciones del cuerpo que sugiere y posibilita, se han omitido los apoyabrazos, de uso generalizado en los sillones, posiblemente con el fin de sintetizar ergonómicamente la conexión del cuero con la estructura, en cuatro puntos, como una mano que recibe.
>
> En la juguera de Philippe Stark, el "olvido" del contenedor de jugos habitual en todos los exprimidores de cítricos posibilitó un desarrollo en altura y unas patas zoomórficas, obteniendo una percepción icónica. A partir de la supresión inicial mencionada, las decisiones de diseño son pragmáticas: el perfil estriado está ahusado en su parte superior con el fin de entrar en contacto con el cítrico y simétricamente en el

extremo inferior con el objeto de dirigir el jugo hacia el contenedor (a proveer por el usuario). La elevación en la parte superior de las patas evita el escurrimiento del jugo.

Swatch es un ejemplo, ya mencionado anteriormente de reformulación drástica de objetivos. Swatch nació como una necesidad en 1970 cuando la industria relojera suiza enfrentó una profunda crisis. Después de varias centurias de dominar el mercado del reloj, Suiza fue desplazada por la manufactura asiática que en poco tiempo se impuso en los mercados tradicionales con relojes de cuarzo de buena calidad y a bajo costo. Ante la quiebra de las dos empresas relojeras más importantes, ASUSAG y SSIH, los bancos suizos encomendaron a la oficina de ingeniería *Hayek Engeneering* un estudio de la situación de las empresas mencionadas y de la industria global del reloj. Nicolás Hayek, director de la consultora, determinó que el mercado más importante y de mayor potencial de crecimiento se encontraba en el segmento de bajo precio y no en el del nivel suntuario en el que los suizos poseían el 97% del mercado. Se formó una nueva empresa Swatch (Swiss+Watch), de la que Hayek quedó como director responsable. Así se inició una de las estrategias empresarias más significativas del siglo XX basada, sobre todo, en la concepción estratégica del producto.

El proyecto Swatch tenía como objetivo mantener los estándares de calidad asociados a la industria suiza, lograr un precio competitivo en relación con la manufactura asiática, disponer de un producto adaptable a una amplia línea de modelos personalizables, de uso diario, como un producto de indumentaria. Estas metas exigían una reformulación de los paradigmas tradicionales especialmente en lo referido al mercado destinatario, a la tecnología de fabricación (los 120 componentes que en promedio se utilizaban en los relojes convencionales quedaron reducidos a 51), y a la significación cultural. De un objeto de lujo, se pasó a un sistema de indumentaria, de bajo costo y de altísimo valor emocional. En este pasaje ocurrieron varios "olvidos estratégicos" como parte de la estrategia de diseño.

11.5. Comunicación del proyecto

La presentación del proyecto en el ámbito de la empresa es también una instancia estratégica que debe ser planificada teniendo en cuenta todos los aspectos vinculados con la factibilidad de su realización. Asimismo, será necesario considerar: el espacio físico en el que se realizará el evento, el equipamiento digital a utilizar y la cantidad y competencia de los asistentes. La presentación del proyecto puede ser analizada con respecto a los siguientes objetivos:

- De ser necesario informar sobre los antecedentes profesionales de los diseñadores. Esta información no debería apelar a la credibilidad de los destinatarios del proyecto (por medio de auto evaluaciones), sino transmitir datos concretos acerca de la obra realizada (proyectos y productos). Decimos de ser necesario, porque si los profesionales poseen antecedentes conocidos la comunicación de los mismos debería limitarse a las realizaciones más recientes.

- Proporcionar una información sintética sobre las características del proyecto en relación con la estructura, la gestión y los recursos de la empresa que lo llevaría a cabo.
- Informar sobre los aspectos prioritarios del producto:
  - valores socioculturales
  - prestaciones tecnológicas y de significación
  - grado de innovación con respecto al mercado interno y externo
  - sustentabilidad del diseño
  - ciclo de vida
- Suministrar una evaluación del proyecto con respecto al mercado: posicionamiento, costos, ventajas, desventajas y riesgos previstos.
- Informar sobre la planificación económica y financiera y los resultados alternativos del negocio.
- Informar sobre la programación de etapas y tiempos del proyecto.

Conviene señalar que la aprobación de un proyecto comienza mucho antes que el proceso de diseño, a través de un intercambio recíproco de información con las distintas áreas de la empresa y los consultores externos de la misma. En este proceso de comunicación y con la adecuada consideración y evaluación de los aspectos tecnológicos, productivos, económicos y de comercialización, el diseñador estará en condiciones de integrar el proceso de decisiones referido al producto y recién a partir de esta posición accederá a coordinar y eventualmente liderar las conclusiones finales.

12.
Argentina y la prospectiva del diseño

Nuestro país –como parte de Sudamérica– fue consumidor de diseño foráneo tanto a través de la importación de manufacturas, como en el mercado interno

Exportar sin marca país se hace cada vez más difícil aun para las mercaderías genéricas

12. Argentina y la prospectiva del diseño

Hasta hace unos años hablar de diseño en Buenos Aires era referirse a una práctica profesional que ocurría afuera, en ámbitos económicos y culturales externos y lejanos, con algunos polos emblemáticos como Milán, Nueva York y Barcelona. En nuestro país, el diseño apenas alcanzaba una trayectoria artesanal o semi-industrial con casi ninguna presencia en el mercado. La industria, en la mayoría de los casos, plagiaba el diseño o lo producía bajo el sistema de licencias. Es decir que en mayor o menor grado, nuestro país –como gran parte de Sudamérica– fue consumidora de diseño foráneo tanto a través de la importación de manufacturas como de licencias.

Por otra parte, el diseño tenía un alto desarrollo intelectual en círculos reducidos como el CIDI (Centro de Investigación de Diseño Industrial) en la década del 60 y en las universidades de La Plata, de Mendoza y posteriormente de Buenos Aires y Córdoba en la década del 80. En esa década, importar significaba obtener costos similares o inferiores a los locales y una calidad muchas veces superior. Si la industria hubiera actualizado su infraestructura tecnológica aun produciendo bajo licencias, hoy contaríamos con un *know-how* incorporado y una gestión empresaria con mayor capacidad para exportar productos con valor agregado.

A partir de 2002, el diseño adquirió una difusión inesperada y con una instalación creciente en el mercado de la moda. Fue y continúa siendo, en la mayoría de los casos, un proceso de carácter artesanal y de pequeñas series, centrado fundamentalmente en objetos domésticos y muebles. Este proceso estuvo vinculado directamente con las expectativas creadas por la devaluación de nuestra moneda, el turismo resultante y el crecimiento de ferias y concursos de diseño. En una dirección estratégica a mediano y largo plazo, el CMD –Centro Metropolitano de Diseño de Buenos Aires– ha llevado a cabo una convocatoria que abarca tanto a los diseñadores como a los diversos sectores de la producción, con el fin de asistir a las pequeñas y medianas empresas en el uso de la innovación y la gestión del producto, en todas las etapas del proyecto.

Un programa similar al del CMD sería indispensable a nivel nacional con el objeto de instalar una red interactiva que incluya el diseño, las cámaras de la industria, las universidades y las áreas económicas de gobierno, con el fin de:

- determinar prioridades regionales y nacionales referidas al mercado interno y al externo
- promover la inserción industrial del diseño
- facilitar el equipamiento tecnológico
- coordinar la investigación de la gestión del producto: identidad, estrategia e innovación
- contribuir a un mejor conocimiento de los objetivos específicos del diseño
- promover la formulación de una "marca-país"

Con un programa similar, a España le insumió más de dos décadas posicionarse en el nivel más alto del diseño europeo que hoy ocupa.

La aparición repentina del diseño ha comenzado a conformar una creencia local sobre nuestra capacitación para una actividad hasta el momento considerada propia de los países centrales. Si bien esta circunstancia es alentadora, resulta necesario encauzar el futuro desarrollo del diseño teniendo como meta la instalación del producto en la sociedad, superando la etapa del prototipo y su confusión con el producto industrializado. Si esto es válido para el mercado interno, lo es más aún para la exportación. Exportar no consiste en enviar muestras o pequeñas series al exterior, sino en establecer un proceso continuo que requiere producción seriada, calidad previsible, una gestión empresaria de logística y de comunicación y una adecuada interacción entre el diseñador, la empresa y el mercado de destino.

Una de las tareas pendientes es sin duda la construcción de una identidad con la que se nos debería reconocer en el extranjero, ya que exportar sin "marca país" resulta cada vez más difícil aun para las mercaderías genéricas. En octubre de 2005 se anunció la realización de un concurso de ideas y antecedentes para el diseño de la marca país de Argentina. Esperemos que el proyecto se concrete.

Hoy formamos parte de un nuevo escenario internacional con permanentes transformaciones tecnológicas, económicas y sociales. Es evidente que el proceso acelerado de mundialización que nos envuelve y la reiterada presentación en sociedad de la "aldea global" persiguen un control del consumo en cada uno de los distintos segmentos en que se ha programado el mercado internacional. Este objetivo, que por encima de sus aspectos económicos lleva implícito un colonialismo cultural, alcanza un éxito relativo según la resistencia de las diversas culturas locales, ya que todavía Nueva York es diferente a Tokio y a Los Ángeles, y San Pablo presenta diferencias con Río de Janeiro y con Buenos Aires. Diferencias que se perciben en su alimentación, en los hábitos higiénicos, en las modalidades de consumo, en los códigos sociales y en la relación con los objetos. Pero simétricamente a esta persistencia de las identidades locales, los *walkman*, los faxes, los artefactos informáticos, los Swatch, los colores de Benetton, el Twingo y los Mc Donald's, por citar algunos ejemplos, son los productos universalizados o "migratorios" que actúan como emisarios del mercado globalizado independientemente de las fronteras culturales.

Para simplificar, podemos decir que nos encontramos con dos grandes sistemas de productos. El primero de estos conjuntos está constituido por los productos "migratorios" mencionados, que ya se han instalado sin esfuerzo en todos los mercados y en la mayoría de los casos con el éxito previsto. Estos artefactos no tienen referentes de nacionalidad identificable hasta el punto de que su marca está por encima de su origen de fabricación (la que se encuentra diversificada en todo el mundo según las condiciones coyunturales del costo de producción). El diseño de este tipo de productos seguramente seguirá localizado en las sedes centrales de las marcas, salvo que las modalidades propias de cada mercado exijan la intervención (como ya está sucediendo) de profesionales locales con el fin de realizar las necesarias adaptaciones o la propuesta de alternativas más adecuadas. Es muy probable que en el hotel de Puerto Madero "El Porteño" hayan intervenido arquitectos y diseñadores locales, pero la marca es y seguirá siendo Philippe Starck y los diseñadores locales posiblemente continuarán en el anonimato.

En otro sentido, la metropolización y las fobias de identidad y desarraigo urbanos han modificado y seguirán transformando los comportamientos, los objetos y los espacios (tanto privados como públicos) creando nuevos problemas de diseño. Precisamente en este marco referencial se ubica el segundo de los sistemas mencionados, que incluye los productos y procesos relacionados con los escenarios más complejos y conflictivos de la sociedad, los que por lo general están expuestos a fuertes presiones por parte de sus diversos actores e intereses. En esta categoría se encuentran los sistemas de equipamiento urbano, comunitario, sanitario, la polución industrial, la vivienda precaria y finalmente una serie de programas sociales deficientemente formulados por los expertos, los usuarios y los agentes públicos. Es justamente en esta mutación conflictiva de los comportamientos comunitarios en la que habrán de detectarse, de aquí en más, los nuevos problemas en los que el diseño tendrá la responsabilidad de proveer la interfase humanizada entre las mutaciones tecnológicas, la gente y su derecho al confort, sin eludir la crisis –local y mundial– ya mencionada, de los recursos naturales y la gestión ambiental.

Este es, a nuestro juicio, el desafío más importante para el diseño en los países en vías de desarrollo, ya que los nuevos problemas sociales y ambientales, solidarios, sistémicos, ambiguos y contradictorios siempre formarán parte, en alguna medida, de cada una de las diversas modalidades locales. Y, no siempre serán tema de interés para la economía globalizada.

Bibliografía

Aicher, Otl: *El mundo como proyecto.* Gustavo Gili, México, 1994.

Batra, Ravi: *El Mito del Libre Comercio.* Javier Vergara, Buenos Aires, 1994.

Biagioni, Gabriel: *Arquitectura con la mano izquierda.* SUMMA +, N° 78, Buenos Aires, 2006, p. 110.

Boden, Margaret: *La mente creativa.* Gedisa, Barcelona, 1994.

Bonsiepe, Gui: *Teoría y práctica del diseño industrial. Elementos para una manualística crítica.* Gustavo Gili, Barcelona, 1978.

——, *Del Objeto a la Interfase.* Ediciones Infinito, Buenos Aires, 2001.

Burdek, Bernhard: *Historia, teoría y práctica del diseño industrial.* Gustavo Gili, Barcelona, 1994.

Butera, Federico: *Fuentes energéticas renovables en los países en vía de desarrollo.* OF MI Impresores, La Paz, 1990.

Chavez, Norberto y Belluccia, Raúl: *La marca corporativa.* Paidós, Buenos Aires, 2003.

Chiapponi, Medardo: *Ambiente: gestione e strategia.* G. Feltrinelli, Milán, 1989.
Cultura Social del Producto. Ediciones Infinito, Buenos Aires, 1999.

Corbiere, Emilio: *El fetichismo de la globalización.* Publicación del Instituto de Ciencias Políticas y Sociales, agosto de 1996.

Davis, Gary y Scott, Joseph: *Estrategias para la creatividad.* Paidós, Buenos Aires, 1992.

El-Hadj, Smail Ait: *Gestión de la tecnología.* Gestión 2000, Barcelona, 1990.

Frascara, Jorge: *El diseño de comunicación.* Ediciones Infinito, Buenos Aires, 2006.

Gardner, Howard: *Estructura de la mente. La teoría de las inteligencias múltiples.* Fondo de Cultura Económica, México, 1994.

Giddens, Anthony: *Un mundo desbocado.* Taurus, Buenos Aires, 2003.

Hawken, Paul: *The Ecology of Commerce.* Editorial Harper Collins, Nueva York, 1994.

Hobsbawm, Eric: *Historia del siglo XX. 1914-1991.* Hurope, Barcelona, 1996.

Japan Industries Design Promotion Organization. Design Japan, Tokyo, 1993.

Latour, Bruno: *La esperanza de Pandora.* Gedisa, Barcelona, 2001.

Levy, Alberto: *Marketing avanzado. Lo estratégico y lo táctico.* Granica, Buenos Aires, 1994.

Lipovetsky, Gilles: *El lujo eterno.* Anagrama, Barcelona, 2004.

Maldonado, Tomás: *El diseño industrial reconsiderado.* Gustavo Gili, Barcelona, 1977.

—, *¿Es la arquitectura un texto?* Ediciones Infinito, Buenos Aires, 2005.

Marchán Fiz, Simón: *Contaminaciones figurativas.* Alianza, Madrid, 1986.

Marina, José A.: *Teoría de la inteligencia creativa.* Anagrama, Barcelona, 1993.

Margolin, Victor y Buchanan, Richard: *The Idea of Design.* Cambridge, Massachusetts, Londres, The MIT Press, 1995.

Marini, Silvina: *Un geiser congelado cubierto de escamas.* Clarín, Diario de arquitectos, 24-01-2006, p. 12.

Mintzger, Henry: *Safari a la estrategia.* Granica, Buenos Aires, 1999.

Mitchel, C. Thomas: *New Thinking in Design.* Van Nostrand Reinhold, Nueva York, 1996.

Piscitelli, Alejandro: "Capítulo 2", en: *Ciberculturas 2.0.* Paidós, Buenos Aires, 2002.

Porter, Michael: *Estrategia competitiva.* E. Rei Argentina, Buenos Aires, 1992.

Rifkin, Jeremy: *El fin del trabajo.* Paidós, Buenos Aires, 1996.

Simon, Herbert Alexander: *The sciencies of the artificial.* Cambridge, Massachusetts, Londres, The MIT Press, 1969.

Stiglitz, Joseph: *El malestar de la globalización.* Taurus, Buenos Aires, 2003.

Sun Tzu: *El arte de la guerra.* Emecé Editores, Buenos Aires, 1982.

Touraine, Alain: *Crítica de la modernidad.* Fondo de Cultura Económica, Buenos Aires, 1994.

——, *La globalización como ideología.* La Nación, 22 de octubre de 1996.

Tree, Michael: *Soft and hardware changing attitudes to design.* Britain's Council of Industrial Design, Londres, 1970.

Watkin, David: *Moral y Arquitectura.* Tusquets, Barcelona, 1981.

Zec, Peter: *Design Management.* Milán, Design Diffusion Edizioni, N° 11, abril 1997.

Zurlo, F., Cagliano, R., Simonelli, G., Verganti, R.: *Innovare con il Design.* Editorial Il Sole 24 Hore S.p.A., Milán, 2002.

Índice de nombres citados